中学入試

分野別

＼集中レッスン／

算数 文章題

粟根秀史［著］

文英堂

この本の特色と使い方

　小学校で習う算数の中でも，4年生から6年生の間に身につけておきたい内容，簡単な受験算数のコツを短期間で学習できるように作りました。

　「短期間で，お気軽に，でもちゃんと力はつく」という方針で，次のような内容にしています。この本で勉強し，2週間でレベルアップしましょう。

1. 受験算数のコツが2週間で身につく

　1日4〜6ページの学習で，受験算数の考え方，解き方を身につけることができます。4日ごとに復習のページ，最後の2日は入試問題をのせていますので，復習と受験対策もふくめて2週間で終えられるようにしています。

2. 例題・ポイントで確認，練習問題で定着

　例題，ポイント，練習問題の順にのせています。例題とポイントで学習内容を確認し，書きこみ式の練習問題で定着させることができます。

3. ドリルとはひと味ちがう例題とポイント

　正しい解法を身につけられるように，例題の解答は，かなりていねいに書いています。また，例題の後には，見直すときに便利なポイントを簡単にまとめています。

　例題とポイントで内容をしっかり確認してから問題に取り組めるようになっていますので，短期間で力をつけることができます。

もくじ

例題 1-❶

　大小 2 つの数があります。2 つの数の和は 28 で，差は 6 です。2 つの数をそれぞれ求めなさい。

✏️ **解き方と答え**

　2 つの数の関係を線分図に表すと，次のようになります。

㋐　2 つの数の和から差をひくと，<u>小さいほうの数 2 つ分</u>✏️ になります。

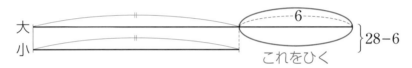

　　小さい数は　(28−6)÷2=**11**　…㊤

　　大きい数は　11+6=**17**　…㊤

㋑　2 つの数の和に差をたすと，<u>大きいほうの数 2 つ分</u>✏️ になります。

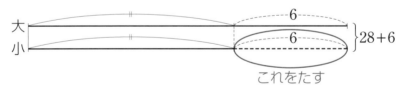

　　大きい数は　(28+6)÷2=**17**　…㊤

　　小さい数は　17−6=**11**　…㊤

㋐と㋑，どちらの方法でも解けるようにしておきましょう。

 ポイント

　　和差算
　　線分図をかき，長さをそろえて考える。2 つの量の和差算では，次のように覚えておこう

　　　　大＝(和＋差)÷2　　小＝(和−差)÷2

練習問題 1-❶

1　たろうさんははなこさんより 60 円多くお金を持っています。また, たろうさんとはなこさんの持っているお金をあわせると 420 円になります。はなこさんはいくら持っていますか。

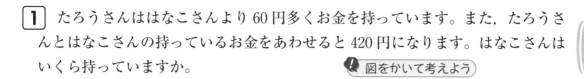

2　兄と弟が持っているビー玉の合計は 72 個で, 兄は弟よりも 24 個多く持っています。兄と弟の持っているビー玉の個数は, それぞれ何個ですか。

3　昼が夜より 2 時間 40 分長いときの昼の長さは ☐ 時間 ☐ 分です。☐ にあてはまる数を答えなさい。

例題 1-❷

はなこさんは，兄と妹と自分の体重を比べてみました。すると，兄の体重ははなこさんより 14kg 重く，妹の体重ははなこさんより 5kg 軽く，また 3 人の体重の合計は 90kg でした。はなこさんの体重は何 kg ですか。

解き方と答え

3 人の体重の関係を線分図に表すと下のようになります。

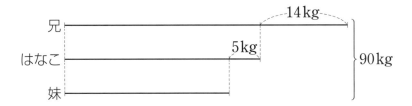

求めるものは「はなこさんの体重」ですが，最も軽い「妹の体重」にそろえて考えると，わかりやすくなります。

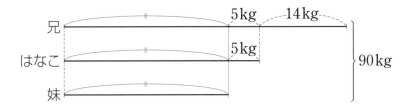

妹の線より長い分を 90kg からひくと，妹の線の 3 本分になりますから，妹の体重は

$(90-5×2-14)÷3=22$（kg）

よって，はなこさんの体重は　$22+5=$**27**（**kg**）　…答

 ポイント

3 つの量の和差算

線分図をかき，どれか 1 つの長さにそろえて考えよう！（いちばん短い線にそろえるとわかりやすい）

解答➡別冊3ページ

練習問題 1-❷

1 A，B，C の 3 つの数があり，A は B より 8 大きく，B は C より 6 大きいそうです。3 つの数の和が 80 のとき，B はいくつですか。

図をかいて考えよう

2 ジュースの値段はプリンの値段よりも 80 円安く，プリンの値段はケーキの値段よりも 250 円安いです。また，ジュース，プリン，ケーキを 1 個ずつ買うと，代金は 830 円になりました。ケーキ 1 個の値段はいくらですか。

3 三角形の 3 つの角を A，B，C とします。角 B は角 A より 43° 大きく，角 C は角 B より 20° 小さいとき，角 A の大きさは何度ですか。

例題2-❶

　　ひろしさんと弟のおこづかいの合計は 3600 円で，ひろしさんのおこづかいは弟のおこづかいの 3 倍よりも 400 円多いそうです。ひろしさんと弟のおこづかいはそれぞれ何円ですか。

解き方と答え

　　弟のおこづかいを①として 2 人のおこづかいの関係を線分図に表す と下のようになります。

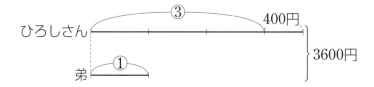

　ひろしさんのおこづかいを 400 円減らすと，弟のおこづかいのちょうど 3 倍になります。 このとき，2 人のおこづかいの合計も 400 円減ります。

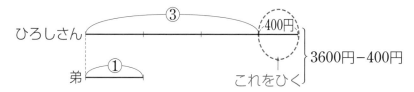

　よって，弟のおこづかいは
　　$(3600-400)÷(3+1)=$**800**（円）　…㊜
　ひろしさんのおこづかいは
　　$3600-800=$**2800**（円）　…㊜

ポイント

分配算
全体の和がわかっていて，一方が他方の「～倍」のような関係があるときには，①にあたる量を決めて，全体の和がその何倍にあたるかを線分図をかいて調べよう！

練習問題 2-❶

1 横の長さが縦の長さの2倍より3cm短い長方形があります。この長方形のまわりの長さが48cmのとき，横の長さは何cmですか。

❗ 図をかいて考えよう

2 長さ75cmのひもをA，B，Cの3つに切り分けます。AはBの2倍より5cm長く，CはBの3倍より2cm短くなりました。このとき，Aのひもの長さはいくらですか。

2
日目

分配算

例題2-❷

赤い色紙は青い色紙よりも 23 枚多く，赤い色紙の枚数は青い色紙の枚数の 3 倍よりも 9 枚少ないそうです。赤い色紙と青い色紙はそれぞれ何枚ありますか。

解き方と答え

　<u>青い色紙の枚数を①として赤い色紙と青い色紙の枚数の関係を線分図に表す</u>と下のようになります。

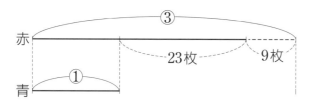

　赤い色紙を 9 枚増やすと，青い色紙のちょうど 3 倍になります。　このとき，赤い色紙と青い色紙の枚数の差は 9 枚増えます。

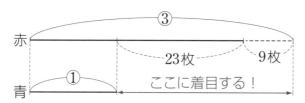

よって，青い色紙の枚数は

$$(23+9)÷(3-1)=\textbf{16}（枚）　…答$$

赤い色紙の枚数は

$$16+23=\textbf{39}（枚）　…答$$

　分配算

　2 つの量の差がわかっていて，一方が他方の「〜倍」のような関係があるときには，①にあたる量を決めて，2 つの量の差がその何倍にあたるかを線分図をかいて調べよう！

練習問題 2-❷

1 お父さんはけんたさんよりも 27 才年上で，お父さんの年れいはけんたさんの
年れいの 4 倍です。けんたさんとお父さんの年れいはそれぞれ何才ですか。

！ 図をかいて考えよう

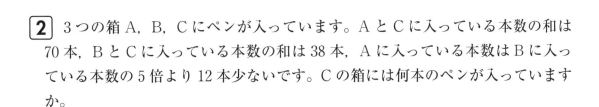

2 3 つの箱 A，B，C にペンが入っています。A と C に入っている本数の和は
70 本，B と C に入っている本数の和は 38 本，A に入っている本数は B に入っ
ている本数の 5 倍より 12 本少ないです。C の箱には何本のペンが入っています
か。

例題3-❶

　みかんを何人かの子どもたちに配るのに，1人に3個ずつ配るとみかんは18個あまります。また，1人に5個ずつ配るとちょうど6人分たりません。みかんは全部で何個ありますか。

解き方と答え

　子どもの人数を□人として，2通りの配り方を線分図にかいて考えます。

まず，「3個ずつ配ると18個あまる」という条件を線分図にかきます。

次に，「5個ずつ配るとちょうど6人分たりない」という条件を線分図にかきます。

⬆ みかんが 5×6＝30（個）不足

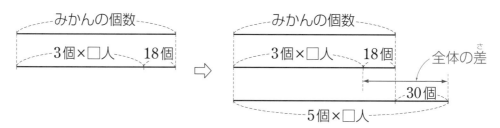

　全体の差(みかんを分けるのに必要な個数の差)に着目すると，

3個×□人と5個×□人の差が18個と30個の和と等しいことがわかりますから

$$5×□－3×□＝18＋30$$
$$2×□＝48$$
$$□＝24（人）$$

したがって，みかんの個数は，全部で

$$3×24＋18＝\textbf{90}（個）　…答$$

□でくくる

　　A×□＋B×□＝(A＋B)×□

　　A×□－B×□＝(A－B)×□

〈例〉　4×□＋8×□＝(4＋8)×□＝12×□

　　　5×□－3×□＝(5－3)×□＝2×□

ポイント

差集め算
線分図をかき,「あまり」と「不足」から
「全体の差」を見つけ,それを B−A でわ
って□を求めよう!

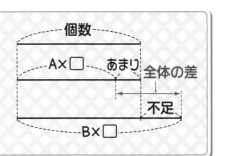

解答 ➡ 別冊 5 ページ

練習問題 3-①

1 キャンディーが何個かあります。これを集まった子どもに 1 人に 4 個ずつ配ったところ 23 個あまりました。そこで 1 人に 5 個ずつにして配りなおしたところ,まだ 1 個あまりました。集まった子どもは何人ですか。

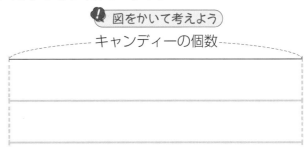

2 教室にいる生徒にノートを 1 人に 5 冊ずつ配ると 16 冊あまり, 1 人に 8 冊ずつ配ると 20 冊不足します。このとき,教室にいる生徒は □ 人になります。
□ にあてはまる数を答えなさい。

例題3-❷

　子どもが長いすに座るのに，1きゃくに4人ずつ座ると14人が座れなくなり，1きゃくに6人ずつ座ると長いすがちょうど1きゃくあまります。子どもの人数は何人ですか。

解き方と答え

　長いすの数を□きゃくとして，2通りの座り方を線分図にかいて考えます。
まず，「1きゃくに4人ずつ座ると14人が座れなくなる」という条件を線分図にかきます。
次に，「1きゃくに6人ずつ座ると長いすがちょうど1きゃくあまる」という
条件を線分図にかきます。

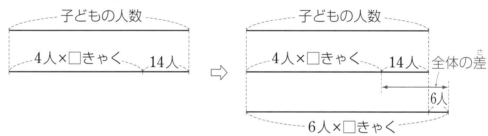

全体の差（長いすに座ることのできる人数の差）に着目すると，
4人×□きゃくと6人×□きゃくの差が14人と6人の和と等しいことがわかりますから

$$6 \times \square - 4 \times \square = 14 + 6$$
$$2 \times \square = 20$$
$$\square = 10 \text{（きゃく）}$$

したがって，子どもの人数は

$$4 \times 10 + 14 = \textbf{54}\text{（人）} \quad \cdots 答$$

ポイント

人を長いすに座らせる問題では
「～人が座れない」　→　人数のあまり
「あと～人が座れる」　→　人数の不足
と言いかえて，差集め算の線分図で解こう！

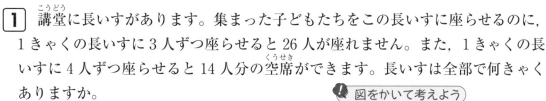

練習問題 3-❷

1 講堂に長いすがあります。集まった子どもたちをこの長いすに座らせるのに，1きゃくの長いすに3人ずつ座らせると26人が座れません。また，1きゃくの長いすに4人ずつ座らせると14人分の空席ができます。長いすは全部で何きゃくありますか。

🔍 図をかいて考えよう

子どもの人数

2 子どもが長いすに座るのに，1きゃくに3人ずつ座ると11人が座れなくなり，1きゃくに5人ずつ座ると長いすがちょうど3きゃくあまります。子どもは何人いますか。

3 生徒が長いすに座るのに，長いす1きゃくに5人ずつ座ると，15人の生徒が座れませんでした。そこで1きゃくに6人ずつ座ると，1きゃくだけは2人になり，長いすは2きゃくあまりました。長いすは全部で何きゃくありますか。

3
日目

差集め算（基本）

1 2つの整数があります。2つの数の和は136で，差は24です。2つの数のうちで，小さいほうの数を求めなさい。

2 ある中学校の1年生の人数は男女あわせて234人います。ある日，男子が6人，女子が3人休んだので男子の人数が女子の人数より25人多くなりました。1年生の男子は何人ですか。

3 はなこさんは算数のテストを3回受けました。2回目のテストの点数は，1回目よりも4点高く，3回目のテストの点数は，2回目よりも8点高くなりました。3回のテストの合計点が250点のとき，1回目のテストの点数は何点ですか。

4 60 個のあめを A，B，C の 3 つのふくろに分けるのに，A は B より 9 個少なく，B は C より 15 個多く入れました。A のふくろにはいくつのあめが入っていますか。

5 長さ 120cm のひもを，A，B，C の 3 本に分けました。A のひもの長さは C の 3 倍よりも 6cm 長く，B のひもの長さは C の 2 倍よりも 12cm 短くなりました。このとき，A のひもの長さは何 cm ですか。

6 45 個のみかんを，A さんは B さんの 3 倍，B さんは C さんの 2 倍になるように，3 人で分けることにしました。

A さんは ☐ 個，B さんは ☐ 個，C さんは ☐ 個になりました。☐ にあてはまる数をそれぞれ求めなさい。

7 兄は弟より5才年上です。また，兄の年れいは弟の年れいの2倍よりも1才多いそうです。このとき，兄の年れいは何才ですか。

8 ゆかさんのおはじきは妹のおはじきの5倍よりも3個少なく，2人のおはじきの個数の差は25個です。ゆかさんと妹のおはじきはそれぞれ何個ですか。

9 何人かの子どもに同じ数ずつあめを配ります。7個ずつ配ると21個あまり，9個ずつ配ると27個たりません。あめは全部で何個ありますか。

10 みかんを 1 人に 4 個ずつ配ったら，あまりなく配ることができます。このみかんを 1 人に 3 個ずつ配ったところ，最初よりも 5 人多い人数にあまりなく配ることができます。みかんは全部で何個ありますか。

11 移動教室の部屋割りで，1 部屋 6 人ずつにすると 7 人の児童が入れませんでした。そこで，1 部屋 9 人ずつにすると，7 人の部屋が 1 つと空き部屋が 2 つできました。児童の数は全部で何人ですか。

12 子ども ☐ 人が長いすに座るのに，1 きゃくに 5 人ずつ座ると 12 人が座れず，1 きゃくに 7 人ずつ座ると 4 人が座る長いすが 1 きゃくでき，さらに長いすが 1 きゃくあまりました。☐ にあてはまる数を求めなさい。

例題5

　1本180円のシャープペンと1本100円のボールペンをあわせて19本買い，2860円支はらいました。買ったシャープペンとボールペンの本数の差は何本ですか。

　解き方と答え

　　1本の値段×本数＝代金

を，右のような面積図 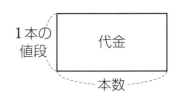 で表して考えます。

まず，1本あたり180円のシャープペンの面積図と1本あたり100円のボールペンの面積図をとなり合わせてかきます。

次に，それぞれの本数がわからないので，これらを□本と△本とし，合わせて19本であることを書きこみます。

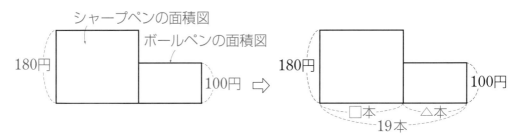

さらに，2つの長方形の面積の合計が2860円であることを書きこむと，面積図の完成です。

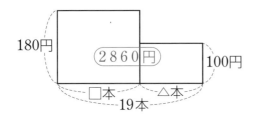

㋐　□本から求める場合（横切り法）

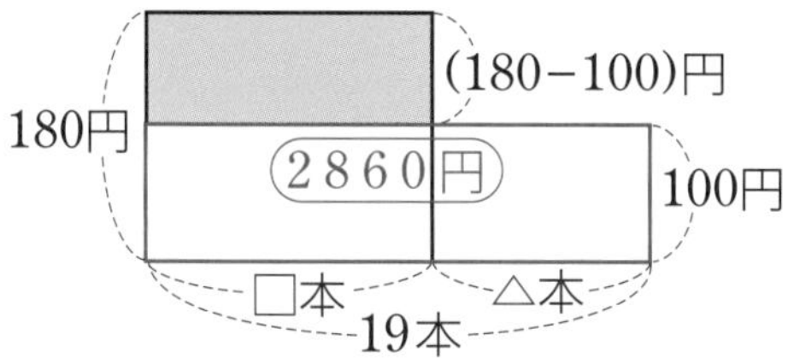

上の図のように，この面積図を横に切ると，赤わくの長方形の面積は，100×19＝1900（円）ですから，色がついた長方形の面積は

2860−1900＝960（円）

よって，色がついた長方形の横（□）は

960÷(180−100)＝12（本）

△は　19−12＝7（本）

よって，求める本数の差は　12−7＝**5（本）**　…[答]

㋑　△本から求める場合（つけたし法）

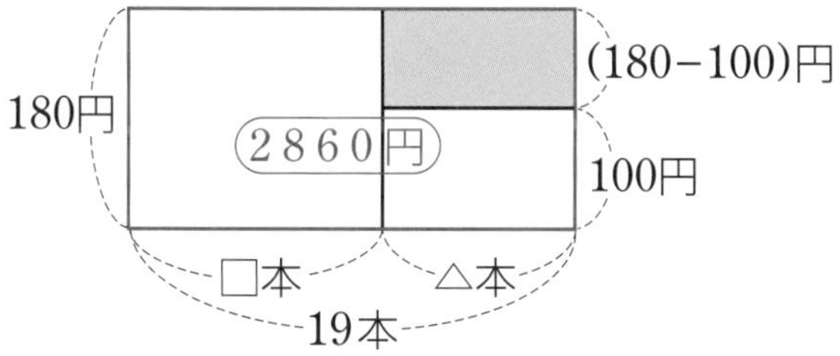

上の図のように，この面積図に色がついた長方形をつけたすと，赤わくの長方形の面積は，180×19＝3420（円）ですから，色がついた長方形の面積は

3420−2860＝560（円）

よって，色がついた長方形の横（△）は

560÷(180−100)＝7（本）

□は　19−7＝12（本）

よって，求める本数の差は　□−△＝12−7＝**5（本）**　…[答]

㋐と㋑，どちらの方法でも解けるようにしておきましょう。

ポイント

つるかめ算

面積図をとなり合わせてかき，
「横切り法」または「つけたし法」を使って解こう！

解答➡別冊9ページ

練習問題 5

1 1個の重さが7gのおもり A と 1 個の重さが5gのおもり B があわせて 21 個あり，全体の重さは 131g です。おもり A は何個ありますか。

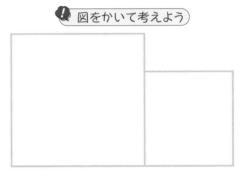

図をかいて考えよう

2 40円と50円の色えん筆をあわせて 22 本買ったところ，代金はちょうど 1000円でした。このとき，40円の色えん筆は何本ありますか。

3 いちご 800 個を 1 箱 35 個入りの小箱と 50 個入りの大箱につめたら，全部で 18 箱でき 20 個あまりました。小箱，大箱それぞれ何箱できましたか。

4 あるレストランでは，2 人席，4 人席，6 人席の 3 種類のテーブルが合計 22 台あります。そのうち，2 人席のテーブルは 5 台あり，座席の合計は 90 席です。4 人席のテーブルは何台ありますか。

例題6

　50円切手と80円切手をあわせて12枚買うつもりでおつりがないようにお金を用意して行きました。ところが、枚数を逆にして買ったためにお金が120円あまってしまいました。50円切手を予定では何枚買うつもりでしたか。

 解き方と答え

　まず、買う予定であった50円切手と80円切手の枚数をそれぞれ□枚、△枚として、つるかめ算の面積図をかくと下のようになります（ただし、合計金額はわかっていません）。

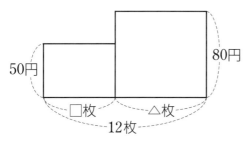

次に、この面積図の上に、逆の枚数を買った場合の面積図（赤わく部分）をかぶせると長方形になります。

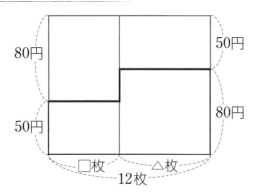

予定通りの金額（太わく部分）と枚数を逆にして買った金額（赤わく部分）の和は、この長方形の面積と等しくなりますから

　　$(80+50) \times 12 = 1560$ （円）

枚数を逆にして買うと120円あまりますから，予定通りの金額は逆にして買った金額より120円多いことがわかります。

よって，和差算で，予定通りの金額は

(1560＋120)÷2＝840（円）

これをはじめの面積図にかきこみ，つるかめ算で解きます。

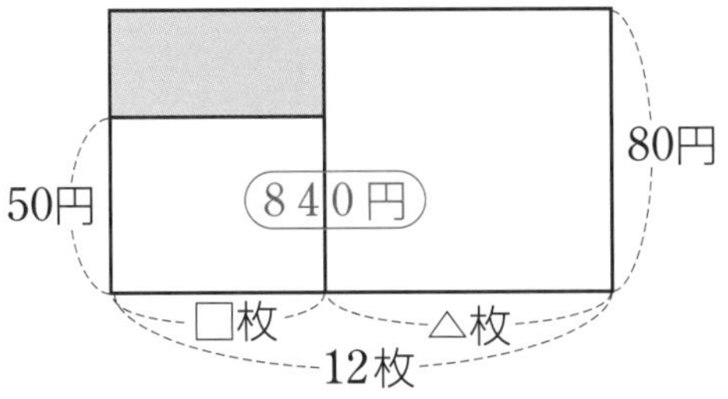

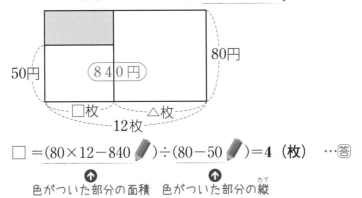

□＝(80×12－840)÷(80－50)＝**4（枚）**　…[答]

↑色がついた部分の面積　↑色がついた部分の縦

[別の解き方]　枚数をとりちがえてお金があまっていますから，予定では値段の高い80円切手を多く買うつもりだったことがわかります。80円切手と50円切手を1枚とりちがえて買うごとに，代金の合計が

80－50＝30（円）

ずつ安くなりますから，とりちがえた枚数(50円切手と80円切手の枚数の差)は

120÷30＝4（枚）

和差算により，買う予定であった50円切手の枚数は

(12－4)÷2＝**4（枚）**　…[答]

ポイント

とりちがえ算

予定通りの個数で買った場合の金額を表す面積図㋐と，個数を逆にして買った場合の金額を表す面積図㋑を上下にくっつけると長方形になることを利用しよう！

長方形の面積＝(A円＋B円)×個数の合計

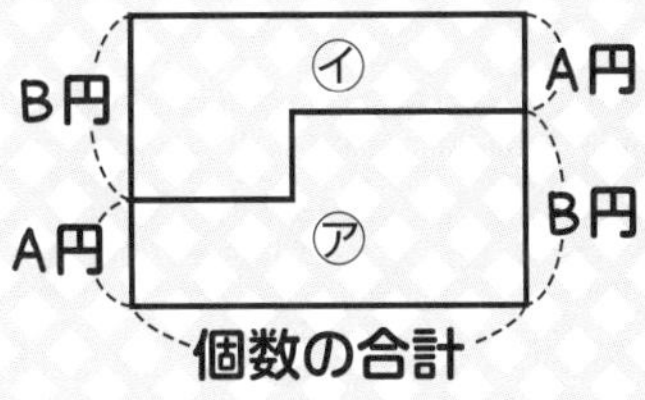

解答 ➡ 別冊 10 ページ

練習問題 6

1 1本190円のペンと1個140円の消しゴムをあわせて15個買いに行きました。予定していたペンと消しゴムの個数を逆に買ったので，予定より150円高くなってしまいました。最初に予定していた金額は何円ですか。

図をかいて考えよう

2 1本40円のえん筆と1本50円のボールペンを，何本かずつあわせて1500円分買うつもりでいたところ，予定の本数を逆にして買ってしまったので，30円のおつりをもらいました。もともとえん筆を何本買う予定でしたか。

3 1 個 360 円のケーキと 1 個 250 円のシュークリームをあわせて 32 個買おうとしたところ，買う個数を逆にしたため予定より 660 円高くなりました。最初に買おうとしたケーキは何個ですか。

4 ◯人が出席する会議で，会議室に 4 人用のいすと 6 人用のいすをあわせて 50 きゃく用意したところ，20 人の出席者が座れませんでした。そこで 4 人用のいすと 6 人用のいすの数を逆にしたところ，席が 12 人分あまりました。◯にあてはまる数を求めなさい。

例題7-❶

A，B 2つのクラスがある学年でテストをしたところ，A組の平均点は60点，B組の平均点は67点で，学年全体の平均点は64点でした。A組の人数が30人のとき，B組の人数は何人ですか。

✏ **解き方と答え**

いろいろな大きさの数量を，同じ大きさの数量になるようにならしたものを「平均」といいます。

平均＝合計÷個数
合計＝平均×個数

を，右のような面積図で表して考えます。

まず，A組の面積図とB組の面積図をとなり合わせてかきます。このとき，平均を縦にとり，個数を横にとります（面積が合計を表します）。B組の人数を □ 人とします。

次に，全体の平均の線を横にひき，この線より上の部分の面積とへこんだ部分の面積が等しいことを利用します。✏

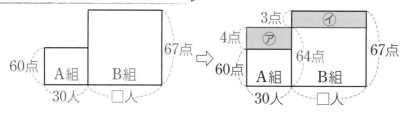

㋐の長方形の縦は，64－60＝4（点）より，

㋐の長方形の面積は　4×30＝120（点）

よって，㋑の長方形の面積も120点になります。

㋑の長方形の縦は，67－64＝3（点）より，

㋑の長方形の横(□)は

　　120÷3＝**40**（人）　…㈪

ポイント
平均算
面積図をとなり合わせてかき，全体の平均の
線より上の部分の面積とへこんだ部分の面積
が等しいことを利用して解こう！

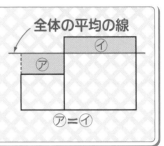

全体の平均の線

ア＝イ

解答➡別冊12ページ

練習問題 7-❶

1　A，B 2 つのクラスがある学年でテストをしたところ，A 組の平均点は 70 点，
B 組の平均点は 65 点で，学年全体の平均点は 67 点でした。B 組の人数が 39 人
のとき，A 組の人数は何人ですか。

図をかいて考えよう

7
日目

平均算

2　ゆりさんは算数のテストを何回か受けたところ，平均点は 60 点でした。次の
テストで 100 点をとったら平均点が 65 点になるとき，次のテストをふくめて全
部で何回のテストを受けることになりますか。

例題7-❷

生徒数 36 人のクラスのテストの平均点は 62.5 点です。このうち，男子の平均点は 66 点，女子の平均点は 60 点でした。このクラスの女子は何人ですか。

解き方と答え

例題7-❶と同じようにして，面積図をかくと下のようになります。

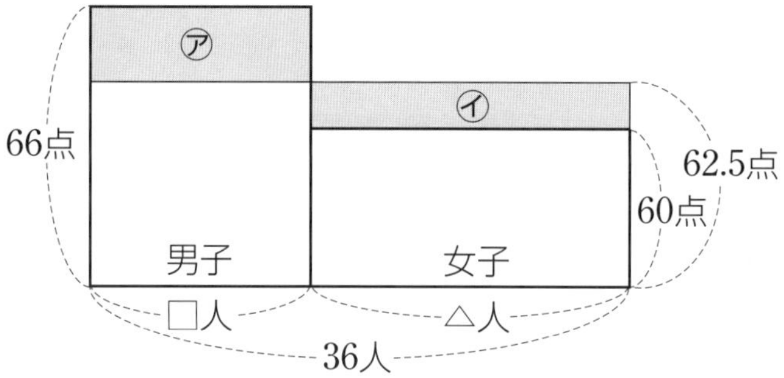

㋐と㋑の長方形の面積が等しいことから，それぞれの人数を求めますが，どちらの長方形も横の長さがわかっていませんから，下の図のように㋒の長方形をつけたして考えます。

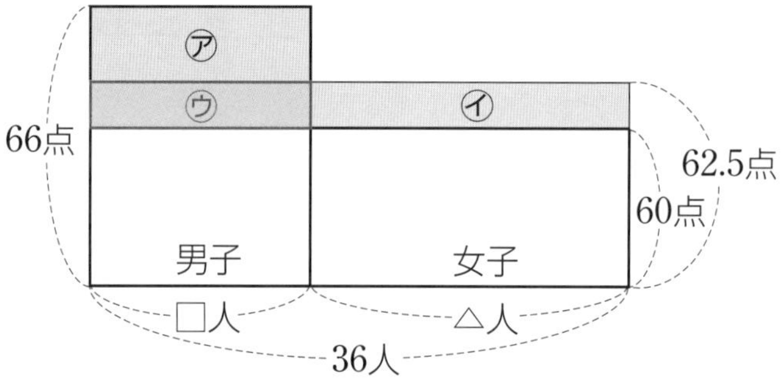

㋐＋㋒の面積と㋑＋㋒の面積は等しくなります。

㋑＋㋒の長方形の縦は

62.5－60＝2.5（点）

より，㋑＋㋒の長方形の面積(＝㋐＋㋒の長方形の面積)は

2.5×36＝90（点）

㋐＋㋒の長方形の縦は

66－60＝6（点）

より，㋐＋㋒の長方形の横(□人)は

90÷6＝15（人）

したがって，女子の人数は　36－15＝**21**（人）　…[答]

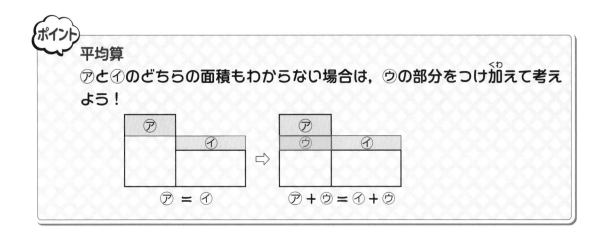

解答➡別冊12ページ

練習問題 7-❷

1 生徒数 40 人の組のテストの平均点は 63.1 点です。このうち，男子の平均点は 62 点，女子の平均点は 64 点でした。この組の女子の人数は何人ですか。

🄱 図をかいて考えよう

2 男子 12 人と女子 18 人がいます。男子 12 人の体重の平均は 45kg で，女子 18 人の体重の平均は，30 人の体重の平均より 2kg 軽いそうです。このとき，30 人の体重の平均は何 kg ですか。

解答➡別冊13ページ

1 1個60円のりんごと，1個40円のみかんをあわせて18個買い，960円支はらいました。このとき，りんごは何個買いましたか。

2 300円のプリンと400円のケーキをあわせて7個買い，100円の箱に入れてもらったところ，合計で2600円でした。プリンは何個買いましたか。

3 3人がけの長いすと5人がけの長いすがあわせて42きゃくあります。これらのいすに163人の生徒が空席のないように座っていたところ，1人だけ座ることができませんでした。5人がけのいすは □ きゃくあります。□ にあてはまる数を答えなさい。

4 150円のノートと200円のレポート用紙を，あわせて14冊買えるお金があります。このお金で，ノートの冊数とレポート用紙の冊数を反対にして14冊買うと，100円不足します。お金はいくらありますか。

5 1本60円のペンと1本80円のペンをあわせて10000円分買いました。もし，この2種類のペンの買った本数を逆にして買うと9320円になります。この2種類のペンをあわせて何本買いましたか。

6 50円切手を□枚と80円切手を何枚か買って2400円支はらうつもりでしたが，枚数をとりちがえたため，270円多く支はらうことになりました。
□にあてはまる数を求めなさい。

7 あゆみさんは1個280円と420円のケーキをあわせて10個買うつもりで，おつりがないようにお金を持ってお店へ行きました。ところが，まちがえて買う個数を逆にしたので560円たりなくなりました。あゆみさんは280円のケーキを何個買うつもりでしたか。

8 太郎さんは前回までの算数のテストの平均点は71点でしたが，今回は91点をとったので平均点が75点になりました。今回のテストは◻︎回目のテストです。◻︎にあてはまる数を答えなさい。

9 これまでに受けた計算テストの平均点は82点でした。この平均点を2点上げるためには，あと3回残っているテストの平均点が94点であればよいそうです。計算テストは全部で何回ありますか。

10 ゆうかさんのクラスで算数のテストを行ったところ、クラスの平均点は 72 点でした。また、男子の平均は 76.8 点、女子の平均は 69 点でした。このクラスの女子の人数は 24 人です。ゆうかさんのクラスの人数は何人ですか。

11 35 人のクラスで算数のテストの平均点は 74 点でした。男子の平均点は 77 点、女子の平均点は 70 点でした。男子は何人ですか。

12 男子が 30 人、女子が 10 人いるクラスで算数のテストをしたところ、男子の平均点は女子の平均点より 2 点高く、そして全体の平均点は 82.5 点でした。男子の平均点は ① 点、女子の平均点は ② 点です。 ① ， ② にあてはまる数を答えなさい。

9日目 差集め算（応用）

例題9-❶

あつこさんは，いくらかのお金を持って消しゴムを買いに行きました。消しゴムは大，小の2種類あり，大の消しゴムならちょうど15個買えますが，小の消しゴムなら20個買えて150円残ります。大と小の消しゴム1個の値段の差は40円です。あつこさんが持っていたお金は何円ですか。

 解き方と答え

小の消しゴムの値段を□円とすると，大の消しゴムの値段は□円＋40円になります。大小2種類の消しゴムの買い方を線分図にかくと図1のようになります。

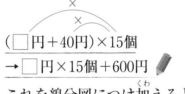

$$（□円＋40円）×15個$$
$$→ □円×15個＋600円$$

より，これを線分図につけ加えると，図2のようになります。

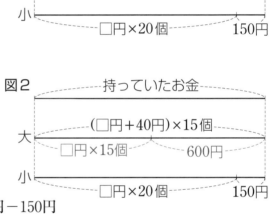

図2の線分図より

□円×20個－□円×15個＝600円－150円

□円×5個＝450円

□＝450÷5＝90（円）

したがって，あつこさんが持っていたお金は

90×20＋150＝**1950**（円）…答

ポイント

1個あたりの値段の差（△円）だけがわかっている問題では，安いほうの値段を□円，高いほうの値段を□円＋△円として，線分図に整理して考えよう！

解答➡別冊16ページ

練習問題 9-❶

1 ボールペンAを12本買う予定で文ぼう具屋に行きましたが，ボールペンBがボールペンAより20円安く売られていたので，ボールペンBを15本買ったところ，予定よりお金を30円使わずにすみました。ボールペンBの1本の値段はいくらですか。

図をかいて考えよう

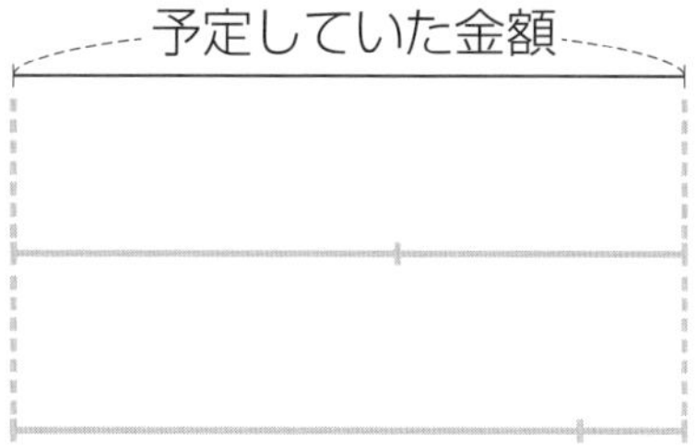

2 1個[㋐]円のりんごを12個買うつもりで[㋑]円のお金をちょうど持って行きましたが，1個につき15円安くなっていたので，予定より1個多く買っても90円あまりました。[㋐]，[㋑]にあてはまる数を求(もと)めなさい。

3 一郎さんと二郎さんが歩いてろうかの長さをはかろうとしたところ，一郎さんは50歩歩くと残りが15cmとなり，二郎さんは56歩歩くと残りが43cmとなりました。一郎さんと二郎さんの歩はばは一定で，歩はばの差が8cmであるとき，このろうかの長さは何mですか。

例題9-❷

えん筆とボールペンがあります。ボールペンの本数はえん筆の2倍あります。何人かの子どもたちにえん筆を3本ずつ配ると2本あまり，ボールペンを8本ずつ配ると20本不足します。えん筆は何本ありますか。

解き方と答え

まず，子どもの人数を□人として，えん筆とボールペンの配り方を線分図で表すと下のようになります。

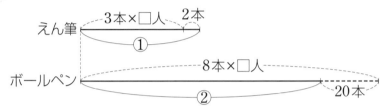

次に，えん筆の本数を2倍してボールペンの本数にそろえて考えます。

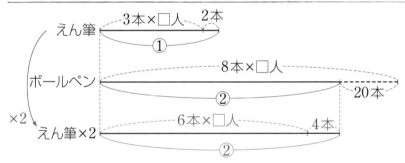

えん筆の本数を2倍にすると，1人あたりに配る本数とあまりもそれぞれ2倍になります。よって，線分図より

$$8 \times □ - 6 \times □ = 4 + 20$$
$$2 \times □ = 24$$
$$□ = 12 （人）$$

とわかりますから，えん筆の本数は

$$3 \times 12 + 2 = \textbf{38}（\textbf{本}） \cdots 答$$

ポイント

Aの個数がBの個数の何倍かになっているA，B2種類のものを配る問題では，線分図をかき，Bの個数を表す線の長さを何倍かして，Aの個数を表す線の長さにそろえて考えよう！

練習問題 9-❷

1 　何個かの白玉と，白玉の3倍の個数の赤玉があります。子どもたちに白玉を2個ずつ，赤玉を5個ずつ配ると，白玉はちょうどなくなり，赤玉は14個あまりました。白玉は何個ありますか。　　　　　　！図をかいて考えよう

2 　みかんとりんごが何個かあり，りんごの個数はみかんの個数の半分です。何人かの子どもたちにみかんを4個ずつ，りんごを3個ずつ配ると，みかんは6個あまり，りんごは5個たりなくなります。みかんは何個ありますか。

例題 10

50 円，80 円，90 円の 3 種類の切手をあわせて 24 枚買いました。80 円切手の枚数は 90 円切手の枚数の 2 倍で，代金の合計が 1700 円でした。90 円切手は何枚買いましたか。

解き方と答え

まず，3 種類の切手の面積図をとなり合わせてかきます。90 円切手の枚数を□枚とすると，80 円切手の枚数は，□枚×2 になります。

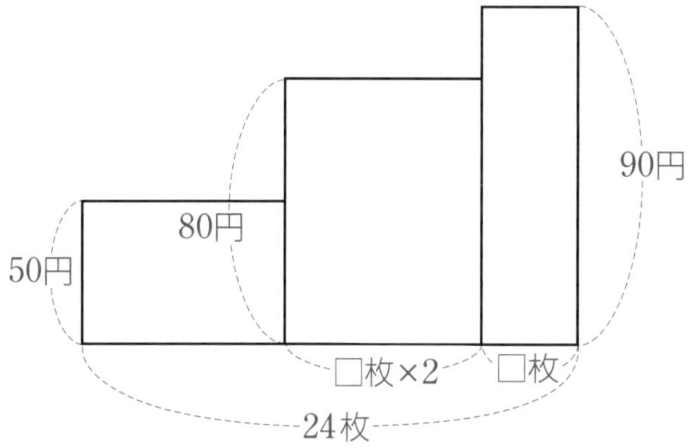

次に，縦と横がわかる長方形をとり除いた赤い部分に着目して考えます。

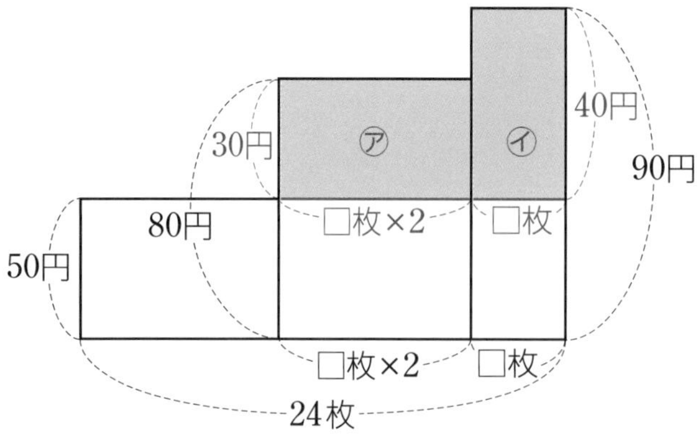

色がついた部分(㋐＋㋑)の面積は

1700－50×24＝500（円）

㋐の縦は　80－50＝30（円）

㋑の縦は　90－50＝40（円）

より　㋐＋㋑＝30×□×2＋40×□

　　　　　　＝100×□

これが500円ですから　□＝500÷100＝**5（枚）**　…[答]

[別の解き方]　50円切手を24枚買ったときの代金は50×24＝1200（円）となり，実際よりも1700－1200＝500（円）少なくなります。そこで，50円切手3枚のセットを80円切手2枚と90円切手1枚のセットにとりかえていきます。

80円切手2枚と90円切手1枚のセットの金額は80×2＋90＝250（円），

50円切手3枚のセットの金額は50×3＝150（円）です。

よって，1回のとりかえで

　　250－150＝100（円）

多くなりますから

　　500÷100＝5（回）

とりかえればよいことになります。

1回のとりかえで90円切手は1枚増えますから，答えは**5枚**です。　…[答]

ポイント

3つの量のつるかめ算

面積図を3つとなり合わせてかき，縦と横がわかる（面積がわかる）長方形との差の部分に着目して考えよう！

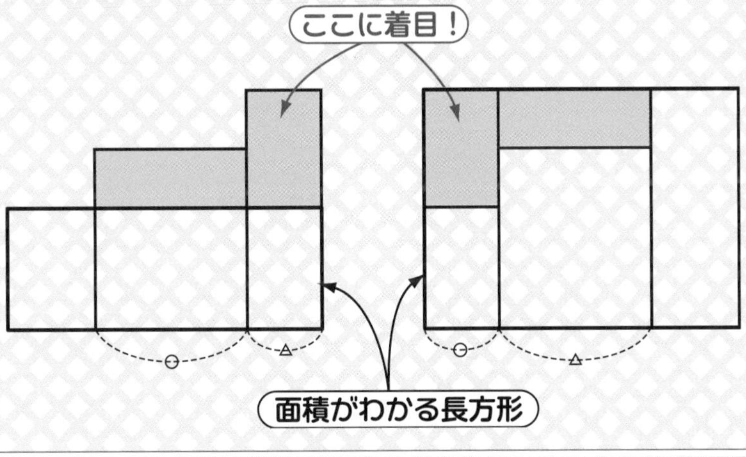

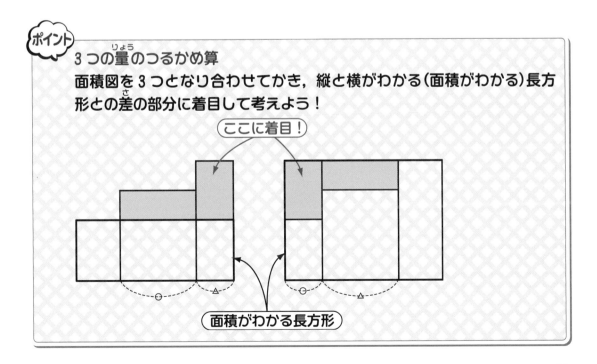

解答 ➡ 別冊18ページ

練習問題 10

1 70人の生徒が昼食をとるのに8人用，6人用，4人用の3種類のテーブルを合計13台用意しました。すると空席なく全員座ることができました。8人用と6人用のテーブルの数が等しいとき，8人用のテーブルは何台ありますか。

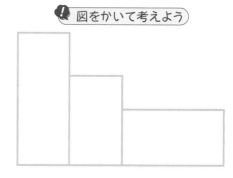

💡 図をかいて考えよう

2 1個10円，30円，50円のおかしをあわせて24個買ったら840円でした。10円と30円のおかしは同じ個数でした。50円のおかしは何個買いましたか。

3 かきは 1 個 120 円，なしは 1 個 150 円，りんごは 1 個 210 円で売られています。かきの個数をなしの個数の 2 倍にして，合計 18 個買い，値段は 2820 円でした。かきは何個買いましたか。

4 100 円玉と 50 円玉と 10 円玉が，それぞれ何枚かあり，こう貨の枚数は全部で 41 枚で，その合計金額は 2180 円です。100 円玉と 10 円玉の枚数が同じとき，100 円玉の枚数は ☐ 枚です。☐ にあてはまる数を求めなさい。

例題11-❶

次の問いに答えなさい。

(1) 160gの水に40gの食塩を入れました。何％の食塩水になりますか。

(2) 6％の食塩水250gの中に食塩は何g入っていますか。

(3) 8％の食塩水の中に食塩が24gふくまれています。この食塩水は何gですか。

 解き方と答え

濃度に関する基本公式　◀食塩水などの「濃さ」のことを「濃度」といいます。

① 食塩水の濃度＝食塩の重さ÷食塩水の重さ

（小数で表したもの）

② 食塩の重さ＝食塩水の重さ×食塩水の濃度

（小数で表したもの）

③ 食塩水の重さ＝食塩の重さ÷食塩水の濃度

（小数で表したもの）

(1) できた食塩水の重さは

食塩の重さ÷食塩水の重さ＝食塩水の濃度

$$160＋40＝200（g）$$

ですから，小数で表した食塩水の濃度は　$40÷200＝0.2$

よって，求める濃度は　$0.2×100＝\textbf{20}（\textbf{％}）$　…答

(2) 食塩水の濃度を小数で表すと

$$6÷100＝0.06$$

ですから，食塩の重さは　$250×0.06＝\textbf{15}（\textbf{g}）$　…答

(3) 食塩水の濃度を小数で表すと　⬆食塩水の重さ×食塩水の濃度＝食塩の重さ

$$8÷100＝0.08$$

ですから，食塩水の重さは　$24÷0.08＝\textbf{300}（\textbf{g}）$　…答

⬆食塩の重さ÷食塩水の濃度＝食塩水の重さ

 濃度に関する基本公式をマスターしよう！

解答➡別冊20ページ

練習問題 11-❶

1 150gの水に50gの食塩を入れました。何％の食塩水になりますか。

2 4.5％の食塩水300gの中に食塩は何g入っていますか。

3 14％の食塩水の中に食塩が35gふくまれています。この食塩水は何gですか。

例題11-❷

8％の食塩水Aと3％の食塩水Bを混ぜあわせて，5％の食塩水Cをつくります。食塩水Aが200gのとき，食塩水Bは何gですか。

 解き方と答え

　食塩水を混ぜる問題では面積図を利用できます。濃度のちがう食塩水を混ぜあわせるということは，<u>濃度が平均化される</u>　ということと同じですから，<u>平均算の面積図</u>　としくみが同じになります。
<u>食塩水の重さを横，濃度を縦にとって面積図をかく</u>　と，下の図のようになります(長方形の面積は食塩の重さを表します)。

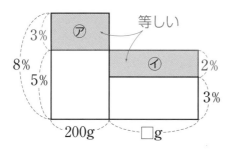

　㋐の面積(食塩)は

$$200 \times 0.03 = 6 \quad (g)$$

より，㋑の面積(食塩)も6gですから，□は

$$6 \div 0.02 = \textbf{300} \quad \textbf{(g)} \quad \cdots 答$$

実際に解く場合は，濃度を小数になおさないで

$$3 \times 200 \div 2 = 300 \quad (g)$$

としたほうが速く解けます。

ポイント
　2種類の食塩水の混ぜあわせの問題で，一方の(または両方の)食塩水の重さがわからない場合は，平均算の面積図をかいて考えよう!

練習問題 11-❷

1 4％の食塩水500gと12％の食塩水を混ぜたところ，7％の食塩水になりました。12％の食塩水を何g混ぜましたか。

🗨 図をかいて考えよう

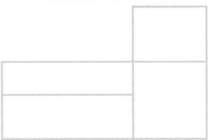

2 9％の食塩水と2％の食塩水を混ぜて7％の食塩水を700gつくります。9％と2％の食塩水をそれぞれ何gずつ混ぜればよいですか。

11
日目

濃度算

1 いくらかのお金を持ってりんごを買いに行きました。りんごは大小2種類があり，大のりんごならちょうど16個買えますが，小のりんごなら18個買えて120円残ります。大と小のりんご1個の値段の差は25円です。持っていたお金は何円ですか。

2 子どもたちにえん筆を1人2本ずつ配ると6本たりません。えん筆の本数を2.5倍にして1人4本ずつ配ると2本あまります。子どもは何人いますか。

3 1本の値段が100円，140円，200円の3種類のペンを合わせて19本買い，2360円支はらいました。100円のペンの本数は，140円のペンの本数の3倍でした。140円のペンを◯本買いました。◯にあてはまる数を求めなさい。

4 50円，80円，90円の3種類の切手を，あわせて31枚買うことにしました。50円切手の枚数は90円切手の枚数の3倍で，代金の合計が2080円でした。80円切手は何枚買いましたか。

5 100gの水に25gの食塩を入れました。何％の食塩水になりますか。

6 11％の食塩水270gの中に食塩は何g入っていますか。

7 9％の食塩水の中に食塩が13.5gふくまれています。この食塩水は何gですか。

8 5％の食塩水200gと2％の食塩水100gを混ぜると，何％の食塩水になりますか。

9 3%の濃さの食塩水が240gあり，これに10%のこさの食塩水を加えて7%の食塩水をつくるとき，10%の食塩水は何g必要ですか。

10 ある容器には6%の食塩水300gがあります。この容器に何gの水を入れると4%の食塩水になりますか。

11 15%の食塩水400gがあります。これに何gの食塩を加えると，20%の食塩水になりますか。

12 8%の食塩水と2%の食塩水を混ぜあわせた結果，4%の食塩水が450gできました。このとき，2%の食塩水は□g加えたことになります。□にあてはまる数を答えなさい。

① 葉子さんは算数のテストを 3 回受けました。2 回目のテストの点数は，1 回目よりも 6 点高く，3 回目のテストの点数は，2 回目よりも 9 点高くなりました。3 回のテストの平均点が 80 点のとき，1 回目のテストの点数は何点ですか。

（神奈川・横浜雙葉中）

② 102cm のひもを A，B，C の 3 人で分けます。B のひもは A のひもより 18 cm 長く，C のひもは A の 2 倍の長さです。A のひもの長さは何 cm ですか。

（埼玉・大妻嵐山中）

③ 大小 2 つの数があります。大きいほうは小さいほうの 6 倍より 75 小さく，差は 1050 です。この 2 数の和はいくつですか。

（兵庫・関西学院中）

④ チョコレートを1人に3個ずつ配ると13個たりません。また，1人に2個ずつ配っても2個たりません。チョコレートは全部で□個あります。
□にあてはまる数を求めなさい。

（大阪・関西大倉中）

⑤ 子どもが長いすに座るのに，1きゃくに5人ずつ座ると12人が座れなくなり，1きゃくに7人ずつ座ると長いすがちょうど2きゃくあまります。
子どもは□人，長いすは□きゃくです。
□にあてはまる数を求めなさい。

（神奈川・湘南白百合学園中）

⑥ 1本110円のかんジュースと1本140円のペットボトルのジュースがあります。これらをあわせて40本買ったところ，代金が4880円になりました。かんとペットボトルをそれぞれ何本ずつ買ったか答えなさい。

（奈良・東大寺学園中）

⑦ 50円こう貨,10円こう貨の重さはそれぞれ4g,4.5gです。今,貯金箱の中には50円,10円のこう貨があわせて77枚あります。77枚のこう貨の重さは331gです。貯金箱の中に入っているこう貨の合計金額は何円ですか。

（東京・吉祥女子中）

⑧ 1個60円のみかんと,1個100円のりんごをそれぞれ何個か買おうと思い,合計金額の1680円を持っていきましたが,みかんとりんごの個数を反対に買ってしまったので160円あまりました。最初にみかんを何個買う予定でしたか。

（兵庫・三田学園中）

⑨ Aさんの前回までの算数のテストの平均点は60点でしたが,今回81点を取ったので,平均点が63点に上がりました。算数のテストは,今回をふくめて何回行われましたか。

（神奈川・森村学園中等部）

⑩ 生徒数 40 人のクラスのテストの平均点は 63.1 点です。このうち，男子の平均点は 61 点，女子の平均点は 65 点でした。このクラスの女子は [　　] 人です。[　　] にあてはまる数を求めなさい。

（埼玉・春日部共栄中）

⑪ なし 10 個分のお金を持って八百屋さんへ行くと，予想よりも 1 個あたり 30 円安かったので，12 個買えて 60 円のおつりをもらいました。はじめに持っていた金額は [　　] 円です。[　　] にあてはまる数を求めなさい。

（神奈川・カリタス女子中）

⑫ [　　] 人にあめを 1 人 4 個ずつ配ると，2 個たりません。配る人数はそのままで，あめの個数を 2 倍にして 1 人 7 個ずつ配ると，10 個あまります。[　　] にあてはまる数を求めなさい。

（埼玉・開智中）

⑬ 1個の値段がそれぞれ80円, 100円, 150円の3種類のおかし A, B, C があります。このおかしを A, B が同じ数になるようにして, 全部で40個買ったところ, 代金は4440円になりました。それぞれのおかしを何個ずつ買いましたか。

（東京・聖心女子学院中等科）

⑭ ここにチョコレートの入った箱があります。箱には, 6個入り, 8個入り, 12個入りの3種類があります。今, 3種類の箱があわせて50個あり, チョコレートはあわせて430個あります。また, 8個入りの箱の数は12個入りの箱の数の2倍です。このとき, 8個入りの箱は □ 個あります。□ にあてはまる数を求めなさい。

（奈良学園中）

⑮ 7％の食塩水が300gあります。これに15％の食塩水を◻g混ぜると10％の食塩水ができました。◻にあてはまる数を求めなさい。 （東京・世田谷学園中）

⑯ 12％の食塩水200gに水を◻g加えると8％の食塩水になります。◻にあてはまる数を求めなさい。 （茨城・常総学院中）

① 三角形の3つの角をA，B，Cとします。BはAより57°大きく，CはBより24°小さいとき，Aの大きさは何度ですか。

（大阪・東海大付仰星高中等部）

② りんごとかきとなしがあわせて164個あります。りんごの個数はかきの個数の2倍より16個少なく，かきの個数はなしの個数の3倍です。このとき，なしの個数は　　　個です。　　　にあてはまる数を求めなさい。

（奈良・帝塚山中）

③ 1本のひもをA，B，Cの3つに切り分けます。Aの長さをBの長さの2倍にし，Cの長さをAとBの長さの平均よりも8cm長くすると，Cの長さはBの長さよりも23cm長くなります。Cの長さは何cmですか。

（奈良学園登美ヶ丘中）

④ 3つの箱 A，B，C にペンが入っています。A と B に入っている本数の和は67本，B と C に入っている本数の和は 53 本，A に入っている本数は C に入っている本数の 2 倍より 10 本少ないです。
B の箱には何本のペンが入っていますか。

（東京・東洋英和女学院中）

⑤ 1 ふくろに 21 個のキャンディーが入っているふくろが □ ふくろあります。このキャンディーを，何人かの子どもに 1 人 9 個ずつ配ると 15 個たりず，7 個ずつ配るとちょうど 1 ふくろ分あまります。□ にあてはまる数を求めなさい。

（東京・香蘭女学校中）

⑥ 何人かの生徒が長いすに 3 人ずつ座ったら，20 人が座れませんでした。そこで長いすを 3 きゃく増やし 4 人ずつ座ったら，最後の長いすには 3 人座りました。このとき，生徒は何人ですか。

（東京・海城中）

⑦ 3人用，4人用，5人用の長いすがあわせて30きゃくあり，115人が座ることができます。また，5人用の長いすに6人ずつ座ると124人が座ることができます。このとき，3人用の長いすは何きゃくありますか。

（神奈川・洗足学園中）

⑧ 会議に3人用のいすと5人用のいすを合わせて40個用意したところ，30人の参加者が座れませんでした。そこで，3人用のいすと5人用のいすの個数を逆にしたところ，席が18人分あまりました。参加者は全部で何人ですか。

（東京・本郷中）

⑨ 大人と子どもあわせて78人の団体が水族館に行きました。入館料の合計は53800円ですが，大人と子どもの人数をまちがえて逆に伝えたため，合計が55400円になりました。大人1人の入館料を900円とすると，大人は何人いましたか。

（東京家政学院中）

⑩ 道子さんのクラスで算数のテストを行ったところ，クラスの平均点は69点でした。また，男子の平均は65.8点，女子の平均は74点でした。クラスの女子の人数は16人です。道子さんのクラスの人数は何人ですか。 （広島・修道中）

⑪ ある試験で，150人の受験生のうち合格者は30人でした。合格者の平均点は不合格者の平均点より35点高く，受験生全体の平均点は46点でした。合格者の平均点は □ 点です。□ にあてはまる数を求めなさい。 （千葉・国府台女子学院中学部）

⑫ めぐみさんは，同じケーキを3個買おうとしましたが，300円不足したので，1個の値段がケーキより210円安いチョコレートを7個買ったところ，お金は50円あまりました。ケーキ1個の値段は ア 円，めぐみさんの持っていたお金は イ 円でした。 ア ， イ にあてはまる数を求めなさい。 （大阪桐蔭中）

⑬ ウィンナーがおにぎりの4倍の数だけあります。□個のパックを用意して1つのパックに，おにぎり2個とウィンナー3本ずつつめると，おにぎりが3個，ウィンナーが82本あまりました。□にあてはまる数を求めなさい。

（東京・城北中）

⑭ 1個80円，90円，100円の3種類のおかしを合計49個買い，4530円を支はらいました。100円のおかしの個数は80円のお菓子の個数の2倍でした。100円のおかしを何個買いましたか。

（埼玉・淑徳与野中）

⑮ 10％の食塩水が180gあります。これに◻gの食塩を加えると19％の食塩水になります。◻にあてはまる数を求めなさい。

（京都聖母学院中）

⑯ 2％の食塩水Aと5％の食塩水Bがそれぞれ別の容器に入っています。

（東京・光塩女子学院中等科）

(1) Aを200g，Bを300g混ぜあわせると，何％の食塩水ができますか。

(2) AとBを混ぜあわせて500gの食塩水をつくったところ，食塩水の濃度は4.04％になりました。Aを何g，Bを何g混ぜあわせたでしょうか。

14
日目

入試問題にチャレンジ②

③

● 著者紹介

粟根 秀史（あわね ひでし）

　教育研究グループ「エデュケーションフロンティア」代表。森上教育研究所客員研究員。大学在学中より塾講師を始め，35年以上に亘り中学受験の算数を指導。SAPIX 小学部教室長，私立さとえ学園小学校教頭を経て，現在は算数教育の研究に専念する傍ら，教材開発やセミナー・講演を行っている。また，独自の指導法によって数多くの「算数大好き少年・少女」を育て，「算数オリンピック金メダリスト」をはじめとする「算数オリンピックファイナリスト」や灘中，開成中，桜蔭中合格者等を輩出している。『中学入試 最高水準問題集 算数』『速ワザ算数シリーズ』（いずれも文英堂）等著作多数。

□ 編集協力　山口雄哉(私立さとえ学園小学校教諭)

□ 図版作成　㈲デザインスタジオ エキス.

シグマベスト
**中学入試　分野別集中レッスン
算数　文章題**

本書の内容を無断で複写（コピー）・複製・転載することを禁じます。また，私的使用であっても，第三者に依頼して電子的に複製すること（スキャンやデジタル化等）は，著作権法上，認められていません。

© 粟根秀史　2020　　Printed in Japan

著　者	粟根秀史
発行者	益井英郎
印刷所	中村印刷株式会社
発行所	株式会社文英堂

〒601-8121　京都市南区上鳥羽大物町28
〒162-0832　東京都新宿区岩戸町17
(代表)03-3269-4231

●落丁・乱丁はおとりかえします。

中学入試

分野別

\集中レッスン/

算数 文章題

解答・解説

文英堂

1日目 和差算

練習問題 1-❶ の答え

問題➡本冊 5 ページ

[1] 180 円　[2] 兄… 48 個，弟… 24 個
[3] 13，20

解き方

[1]

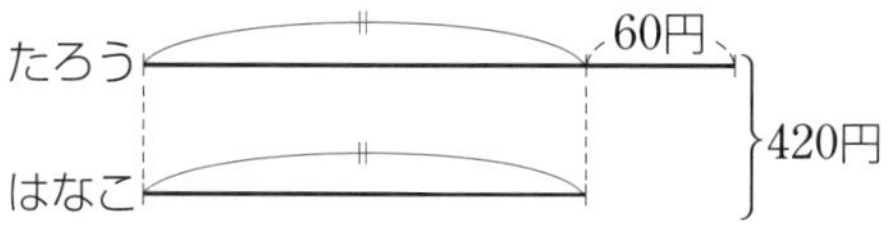

(420－60)÷2＝**180（円）** ← 小＝(和－差)÷2

[2]

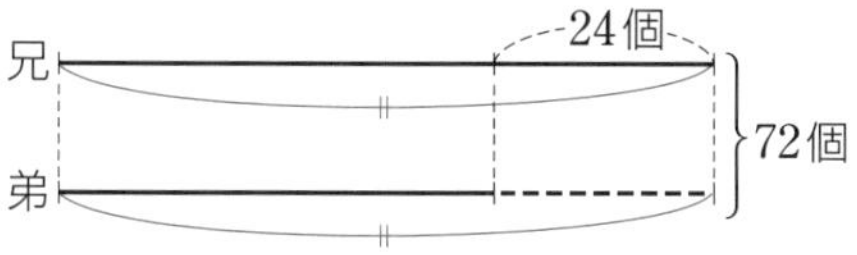

(72＋24)÷2＝**48（個）**…兄 ← 大＝(和＋差)÷2

48－24＝**24（個）**…弟

[3] 昼と夜の長さの和は 24 時間です。

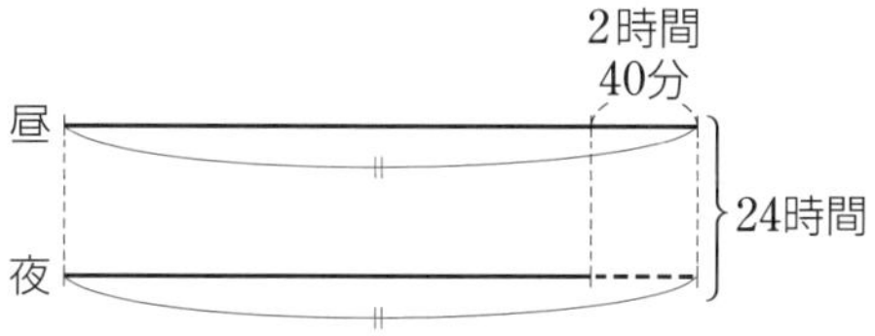

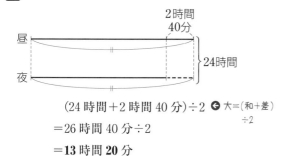

(24 時間＋2 時間 40 分)÷2 ← 大＝(和＋差)÷2

＝26 時間 40 分÷2

＝**13 時間 20 分**

練習問題 1-❷ の答え

問題➡本冊 7 ページ

[1] 26　[2] 470 円　[3] 38°

解き方

[1]

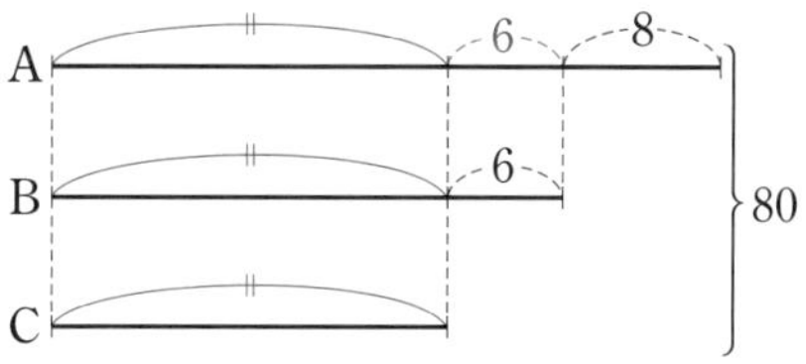

(80－6×2－8)÷3＝20　…C

20＋6＝**26**　…B

[2]

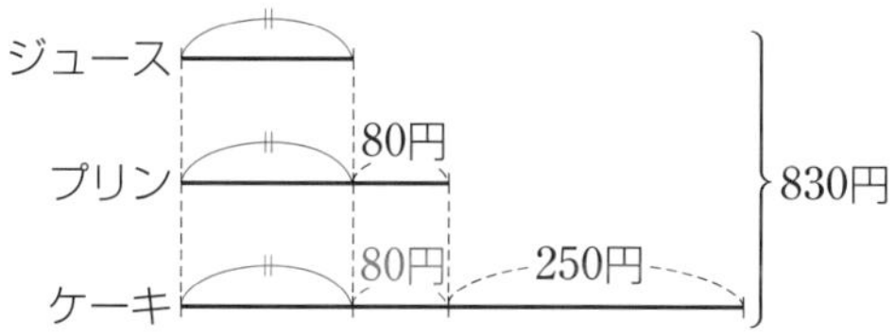

(830－80×2－250)÷3＝140（円）

…ジュース

140＋80＋250＝**470（円）**…ケーキ

[3] 三角形の 3 つの角の和は 180° です。

下の線分図の㋐の大きさは

43°－20°＝23°

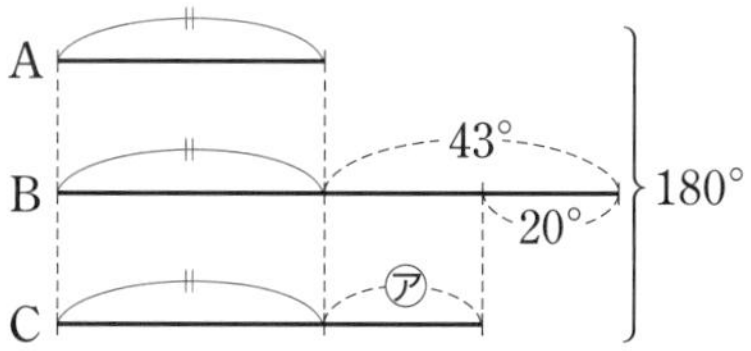

よって，角 A の大きさは

(180°－43°－23°)÷3＝**38°**

2
日目

分配算

練習問題 **2-❶** の答え

問題➡本冊9ページ

1 **15 cm**　**2** **29 cm**

解き方

1 横の長さと縦の長さの和は,

48÷2＝24（cm）より, 縦の長さを①として
線分図をかくと下のようになります。

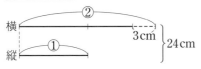

$$(24+3)÷(2+1)=9 （cm） …縦$$

$$24-9=\textbf{15} （cm） …横$$

2 Bのひもの長さを①として線分図をかくと
下のようになります。

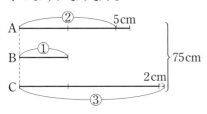

$$(75-5+2)÷(2+1+3)=12 （cm） …B$$

$$12×2+5=\textbf{29} （cm） …A$$

練習問題 **2-❷** の答え

問題➡本冊11ページ

1 けんたさん…**9才**, お父さん…**36才**

2 **27本**

解き方

1 けんたさんの年れいを①として線分図をかくと
と下のようになります。

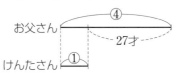

$$27÷(4-1)=\textbf{9} （才） …けんたさんの年れい$$

$$9×4=\textbf{36} （才） …お父さんの年れい$$

2 Aに入っている本数とBに入っている本数
の差は, 下の図1より, AとCに入っている
本数の和とBとCに入っている本数の和との
差に等しいことがわかります。

図1

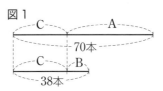

その差は　70-38＝32（本）

よって, Bに入っている本数を①としてAと
Bの関係について線分図をかくと, 下の図
2のようになります。

図2

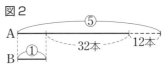

$$(32+12)÷(5-1)=11 （本） …B$$

$$38-11=\textbf{27} （本） …C$$

練習問題 3-❶ の答え

問題 ➡ 本冊13ページ

1 22人 　　**2** 12

解き方

1 子どもの人数を□人として，線分図をかく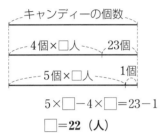
と下のようになります。

$$5 \times \square - 4 \times \square = 23 - 1$$
$$\square = \textbf{22}（人）$$

2 生徒の人数を□人として，線分図をかく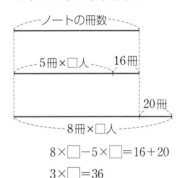
と下のようになります。

$$8 \times \square - 5 \times \square = 16 + 20$$
$$3 \times \square = 36$$
$$\square = 36 \div 3 = \textbf{12}（人）$$

練習問題 3-❷ の答え

問題 ➡ 本冊15ページ

1 40きゃく 　　**2** 50人

3 31きゃく

解き方

1 長いすの数を□きゃくとして，線分図をか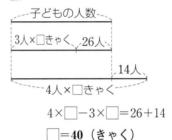
く と下のようになります。

$$4 \times \square - 3 \times \square = 26 + 14$$
$$\square = \textbf{40}（きゃく）$$

2 1きゃくに5人ずつ座ると長いすがちょうど
3きゃくあまりますから，この場合人数の不足
は，$5 \times 3 = 15$（人）になります。

長いすの数を□きゃくとして，線分図をかく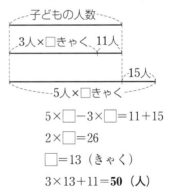
と下のようになります。

$$5 \times \square - 3 \times \square = 11 + 15$$
$$2 \times \square = 26$$
$$\square = 13（きゃく）$$
$$3 \times 13 + 11 = \textbf{50}（人）$$

3 1きゃくに6人ずつ座ると，1きゃくだけは2人になり，長いすは2きゃくあまりますから，この場合人数の不足は，(6−2)＋6×2＝16（人）になります。

長いすの数を□きゃくとして線分図をかく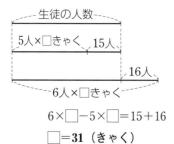と下のようになります。

$$6×\square−5×\square=15+16$$
$$\square=\textbf{31}（きゃく）$$

4日目 1日目～3日目の復習

問題➡本冊16ページ

[1] 56　[2] 131人　[3] 78点
[4] 19個　[5] 69cm
[6] 順に　30，10，5
[7] 9才　[8] ゆか…32個，妹…7個
[9] 189個　[10] 60個　[11] 61人
[12] 67

解き方

[1]

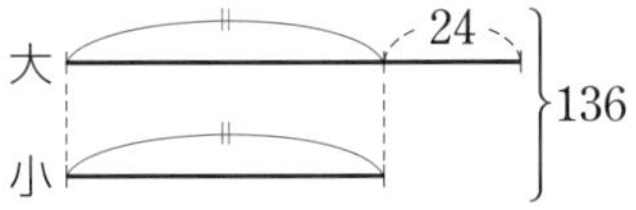

(136－24)÷2＝**56**

[2] この日出席している1年生の人数は

234－6－3＝225（人）

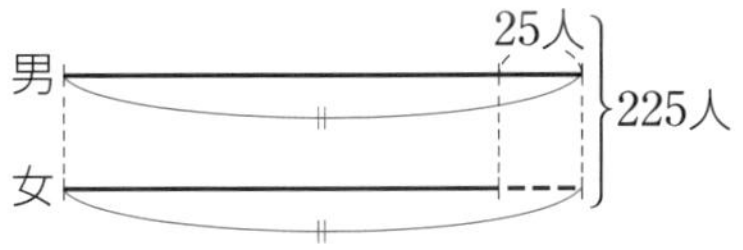

(225＋25)÷2＝125（人）

…出席している男子

125＋6＝**131（人）**

[3]

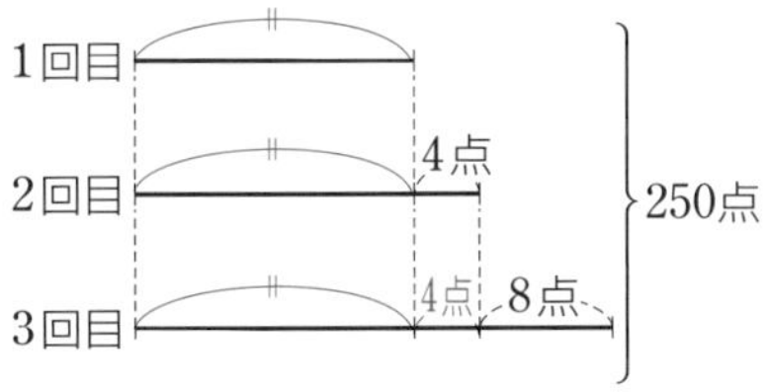

(250－4×2－8)÷3＝**78（点）**

[4]

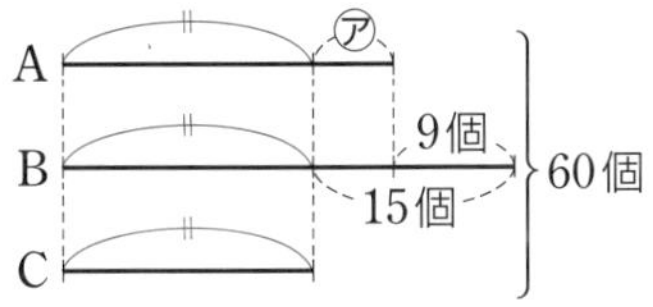

上の線分図の㋐の個数は 15－9＝6（個）より

(60－6－15)÷3＝13（個）…C

13＋6＝**19（個）**…A

[5] Cのひもの長さを①として，線分図をかくと下のようになります。

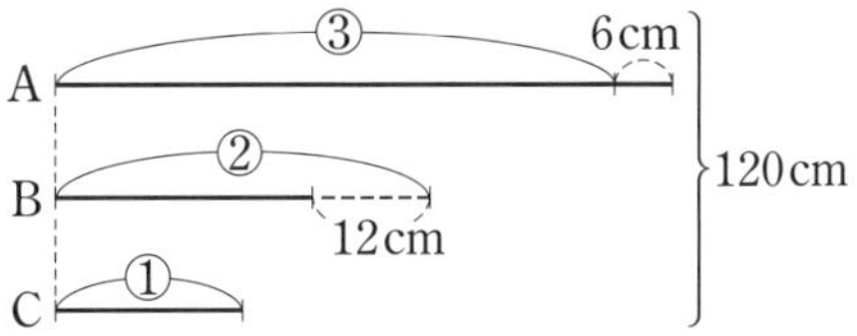

(120－6＋12)÷(3＋2＋1)

＝21（cm）…C

21×3＋6＝**69（cm）**…A

[6] Cさんのみかんの個数を①とすると，Bさんのみかんの個数は②，Aさんのみかんの個数は，②×3＝⑥となります。

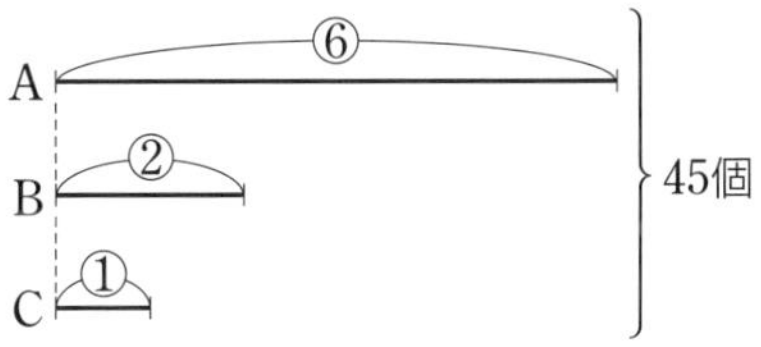

45÷(6＋2＋1)＝**5（個）**…C

5×2＝**10（個）**…B

5×6＝**30（個）**…A

[7] 弟の年れいを①として，線分図をかくと下のようになります。

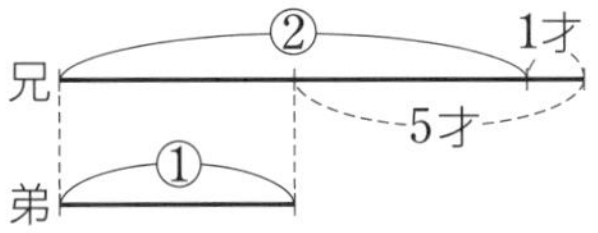

(5－1)÷(2－1)＝4（才）…弟

4＋5＝**9（才）**…兄

[8] 妹のおはじきの個数を①として，線分図をかくと下のようになります。

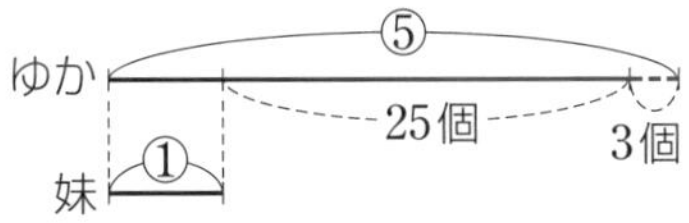

(25＋3)÷(5－1)＝**7（個）**…妹

7＋25＝**32（個）**…ゆか

⑨ 子どもの人数を□人として，線分図をかくと下のようになります。

みかんの個数の線分図：

あめの個数
7個×□人 ── 21個
27個
9個×□人

$9×□−7×□=21+27$

$2×□=48$

$□=48÷2=24$（人）

$7×24+21=$**189**（個）…あめ

⑩ 人数をそろえると，3個ずつ配った場合は

$3×5=15$（個）

あまることになります。

人数を□人として，線分図をかく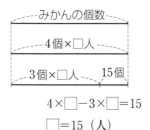と下のようになります。

みかんの個数
4個×□人
3個×□人 ── 15個

$4×□−3×□=15$

$□=15$（人）

$4×15=$**60**（個）…みかん

⑪ 1部屋9人ずつにすると，人数の不足は

$(9−7)+9×2=20$（人）

部屋の数を□として，線分図をかく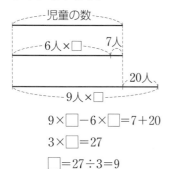と下のようになります。

児童の数
6人×□ ── 7人
20人
9人×□

$9×□−6×□=7+20$

$3×□=27$

$□=27÷3=9$

$6×9+7=$**61**（人）…児童の数

⑫ 1きゃくに7人ずつ座ると，人数の不足は

$(7−4)+7=10$（人）

長いすの数を□きゃくとして，線分図をかく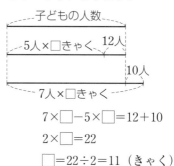と下のようになります。

子どもの人数
5人×□きゃく ── 12人
10人
7人×□きゃく

$7×□−5×□=12+10$

$2×□=22$

$□=22÷2=11$（きゃく）

$5×11+12=$**67**（人）

練習問題 **5** の答え 　　問題➡本冊22ページ

1 13 個　　**2** 10 本

3 小箱…8 箱，大箱…10 箱

4 11 台

解き方

1 A の個数を□個として，面積図をかく と
下のようになります。

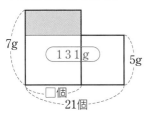

色がついた部分の面積は

$$131 - 5 \times 21 = 26 \ （g）$$

$$□ = 26 \div (7-5) = \textbf{13} \ （\textbf{個}）$$

2 40 円の色えん筆の本数を□本として，面積
図をかく と下のようになります。

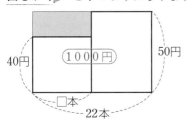

色がついた部分の面積は

$$50 \times 22 - 1000 = 100 \ （円）$$

$$□ = 100 \div (50-40) = \textbf{10} \ （\textbf{本}）$$

3 箱につめたいちごの個数は全部で

$$800 - 20 = 780 \ （個）$$

になります。

小箱の数を□箱として，面積図をかく と下
のようになります。

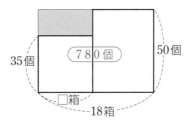

色がついた部分の面積は

$$50 \times 18 - 780 = 120 \ （個）$$

$$□ = 120 \div (50-35) = \textbf{8} \ （\textbf{箱}）\cdots 小箱$$

$$18 - 8 = \textbf{10} \ （\textbf{箱}）\cdots 大箱$$

4 4 人席，6 人席の 2 種類のテーブルはあわせ
て，$22 - 5 = 17$ （台）あり，座席の数は全部で，
$90 - 2 \times 5 = 80$ （席）あります。

4 人席のテーブルの数を□台として，面積図
をかく と下のようになります。

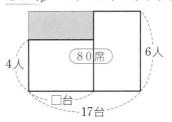

色がついた部分の面積は

$$6 \times 17 - 80 = 22 \ （席）$$

$$□ = 22 \div (6-4) = \textbf{11} \ （\textbf{台}）$$

練習問題 6 の答え

問題➡本冊26ページ

[1] 2400円　[2] 15本　[3] 13個
[4] 254

解き方

[1] 予定通りの個数の面積図㋐と，個数を逆にした面積図㋑を上下にくっつけると，下のような長方形になります。

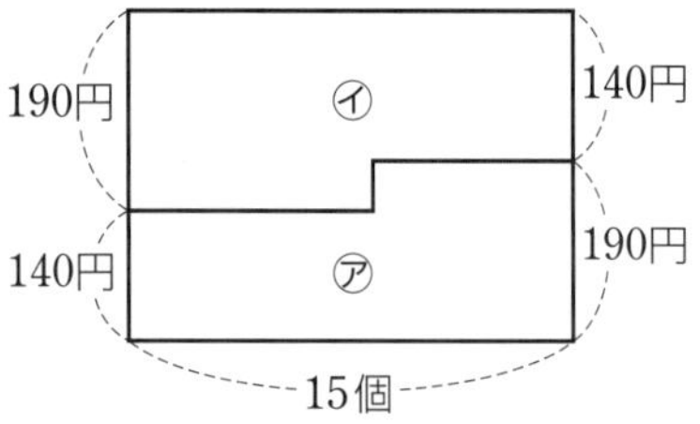

㋐＋㋑＝(190＋140)×15
　　　＝4950（円）

問題文より　㋑－㋐＝150（円）

よって，和差算で

㋐＝(4950－150)÷2＝**2400（円）**

[2] 本数を逆にして買った場合の金額は

1500－30＝1470（円）

ですから，[1]と同様にして，面積図をかくと下のようになります。

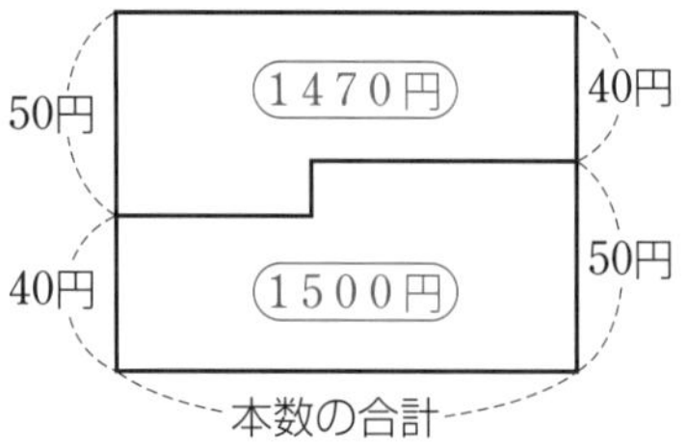

よって，本数の合計は

(1470＋1500)÷(50＋40)＝33（本）

あとは，つるかめ算で解きます。

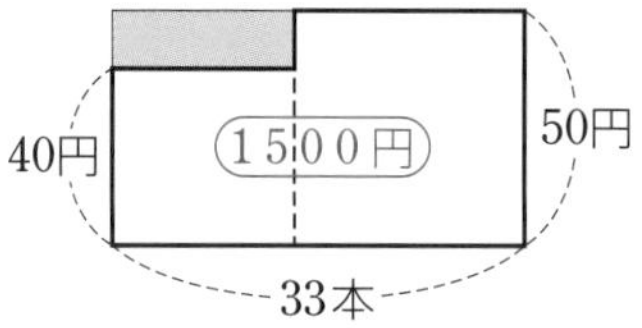

上の図の色がついた部分の面積は

50×33－1500＝150（円）

よって，求める本数は

150÷(50－40)＝**15（本）**

[3] [1]と同様にして，面積図をかくと下のようになります。

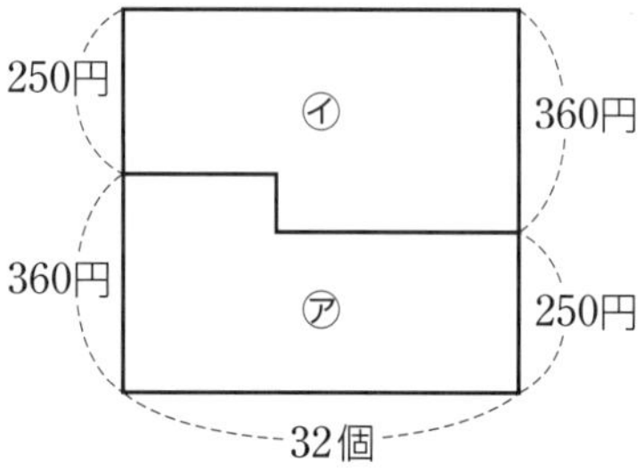

㋐＋㋑＝(250＋360)×32
　　　＝19520（円）

㋑－㋐＝660（円）

和差算で

㋐＝(19520－660)÷2
　＝9430（円）

あとは，つるかめ算で解きます。

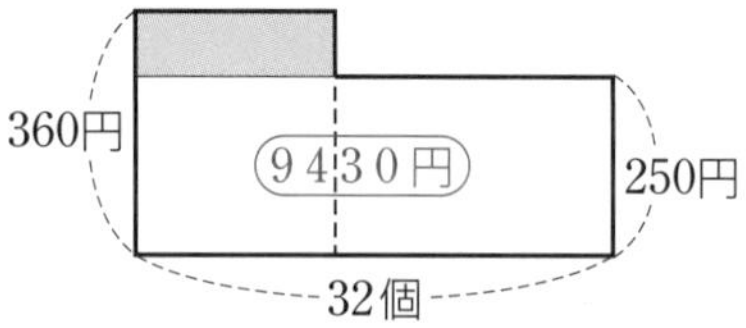

上の図の色がついた部分の面積は

9430－250×32＝1430（円）

よって，求める個数は

1430÷(360－250)＝**13（個）**

[4] 予定通りの座り方で座れる人数の面積図㋐と，逆にした座り方で座れる人数の面積図㋑を上下にくっつけた長方形で考えます。

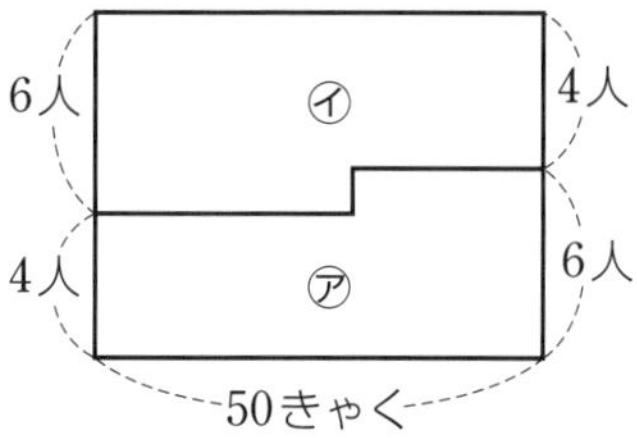

㋐＋㋑＝(6＋4)×50

＝500（人）

問題文より　㋑－㋐＝20＋12＝32（人）

和差算で　㋐＝(500－32)÷2＝234（人）

よって，求める人数は　234＋20＝**254**（人）

問題 ➡ 本冊29ページ

練習問題 7-❶ の答え

1 26人 **2** 8回

✏ 解き方

1

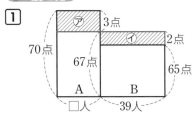

上の図で，㋑の縦は，67−65＝2（点）より，
㋑の面積（＝㋐の面積）は

$$2×39＝78（点）$$

㋐の縦は，70−67＝3（点）より，㋐の横（□人）
は

$$78÷3＝\boldsymbol{26}（人）$$

2 今まで□回のテストを受けたとして，面積
図をかく✏ と下のようになります。

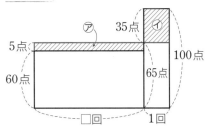

㋑の縦は，100−65＝35（点）より，
㋑の面積（＝㋐の面積）は

$$35×1＝35（点）$$

㋐の縦は，65−60＝5（点）より，
㋐の横（□回）は 35÷5＝7（回）
したがって，求める回数は 7＋1＝**8**（回）

問題 ➡ 本冊31ページ

練習問題 7-❷ の答え

1 22人 **2** 42kg

✏ 解き方

1

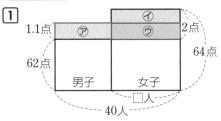

上の図で，㋐＋㋒の長方形の縦は

$$63.1−62＝1.1（点）$$

より，㋐＋㋒の長方形の面積（＝㋑＋㋒の長方
形の面積）は

$$1.1×40＝44（点）$$

㋑＋㋒の長方形の縦は，64−62＝2（点）より，
㋑＋㋒の長方形の横（□人）は

$$44÷2＝\boldsymbol{22}（人）$$

2

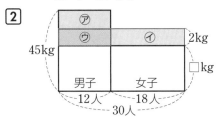

上の図で，㋑＋㋒の長方形の面積（＝㋐＋㋒の
長方形の面積）は

$$2×30＝60（kg）$$

よって，㋐＋㋒の長方形の縦は

$$60÷12＝5（kg）$$

より，女子の体重の平均（□kg）は

$$45−5＝40（kg）$$

30人の体重の平均は

$$40＋2＝\boldsymbol{42}（kg）$$

5日目～7日目の復習

問題➡本冊32ページ

[1] 12個　[2] 3個　[3] 18
[4] 2400円　[5] 138本　[6] 24
[7] 7個　[8] 5　[9] 18回
[10] 39人　[11] 20人
[12] ①…83，②…81

解き方

[1] りんごの個数を□個として，面積図をかくと下のようになります。

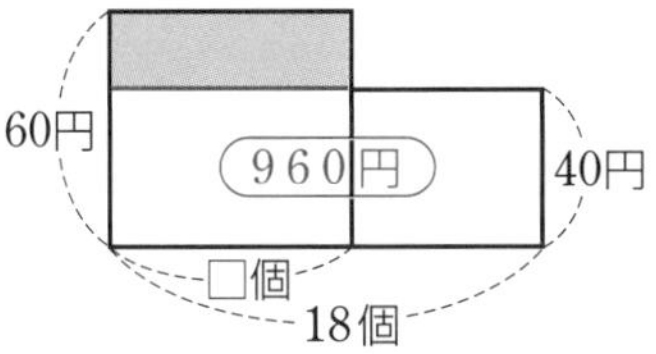

色がついた部分の面積は

　960－40×18＝240（円）

　□＝240÷(60－40)＝**12（個）**

[2] 箱代をのぞくと　2600－100＝2500（円）

プリンの個数を□個として，面積図をかくと下のようになります。

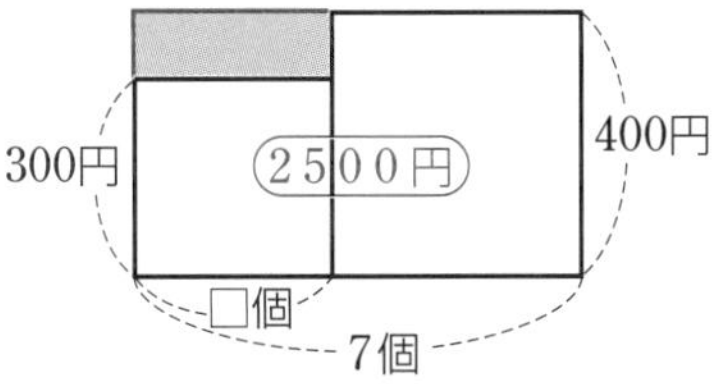

色がついた部分の面積は

　400×7－2500＝300（円）

　□＝300÷(400－300)＝**3（個）**

[3] 長いすに座ることのできた生徒の人数は

　163－1＝162（人）

5人がけのいすが□きゃくあるとして，面積図をかくと下のようになります。

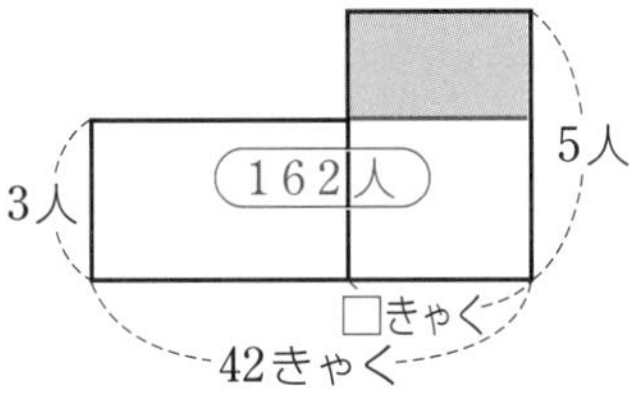

色がついた部分の面積は

　162－3×42＝36（人）

　□＝36÷(5－3)＝**18（きゃく）**

[4] 予定通りの冊数の場合の面積図㋐と，冊数を逆にした場合の面積図㋑を上下にくっつけると，下のような長方形になります。

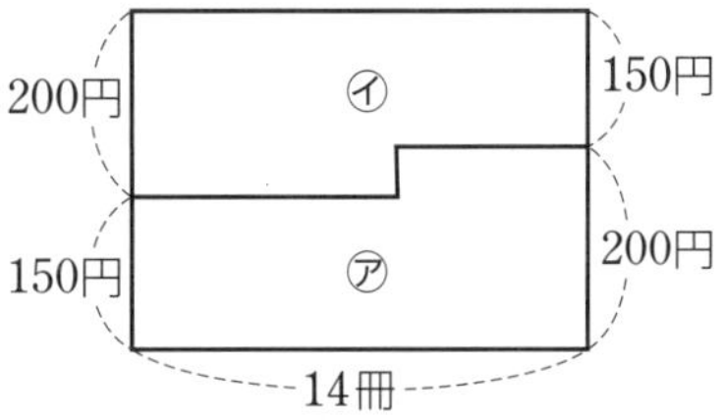

　㋐＋㋑＝(200＋150)×14

　　　＝4900（円）

問題文より　㋑－㋐＝100（円）

和差算で　(4900－100)÷2＝**2400（円）**

[5] [4]と同様にして，面積図をかくと下のようになります。

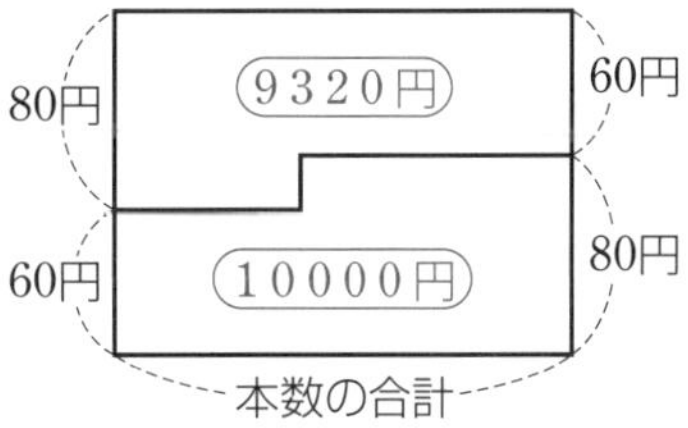

これより，求める本数の合計は

　(10000＋9320)÷(80＋60)＝**138（本）**

[6] 枚数をとりちがえて買った場合の金額は

　2400＋270＝2670（円）

ですから，[4]と同様にして，面積図をかくと下のようになります。

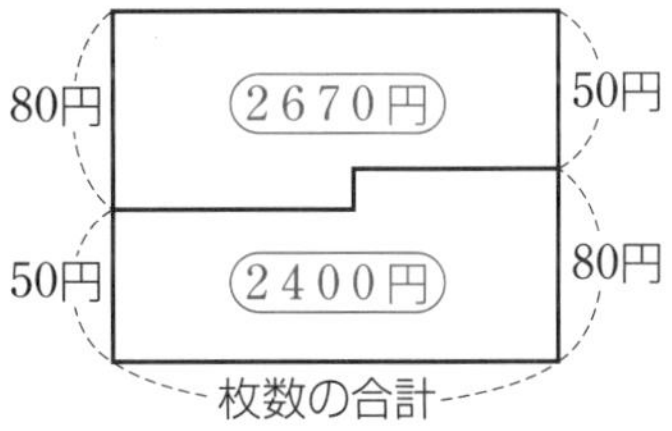

よって，枚数の合計は

　(2670＋2400)÷(80＋50)＝39（枚）

あとは，つるかめ算で解きます。

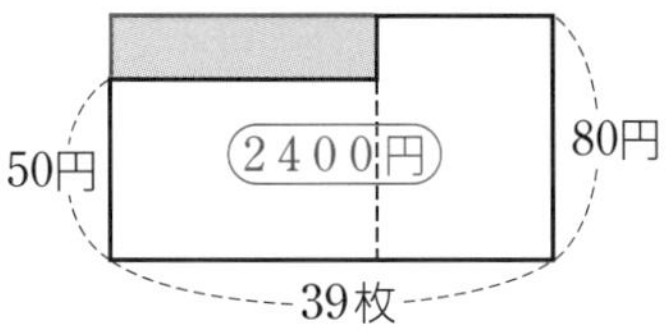

上の図の色がついた部分の面積は

80×39－2400＝720（円）

よって，求める枚数は

720÷(80－50)＝**24**（枚）

7 **4**と同様にして，面積図をかくと下のようになります。

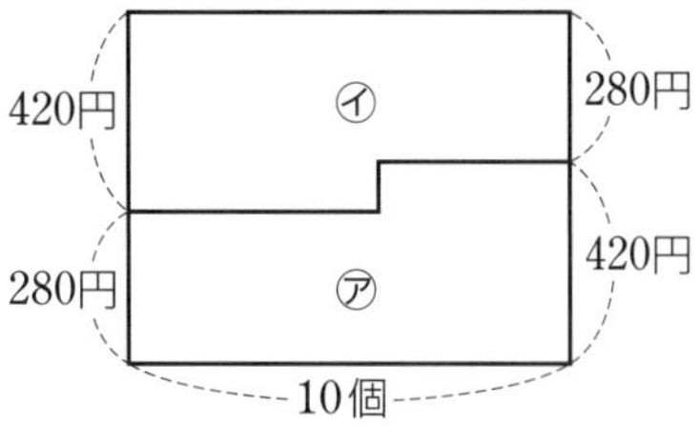

㋐＋㋑＝(420＋280)×10

＝7000（円）

㋑－㋐＝560（円）

和差算で

㋐＝(7000－560)÷2

＝3220（円）

あとは，つるかめ算で解きます。

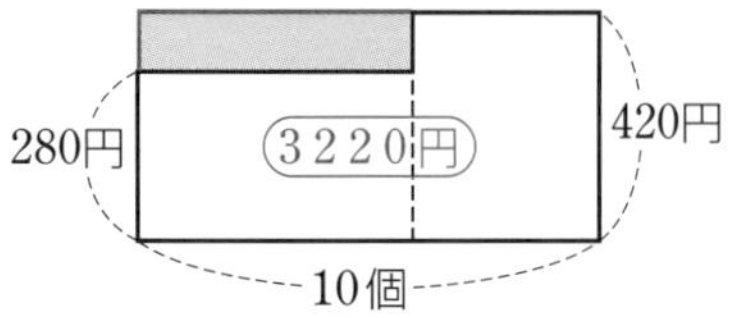

上の図の色がついた部分の面積は

420×10－3220＝980（円）

よって，求める個数は

980÷(420－280)＝**7**（個）

8 前回までに□回のテストを受けたとして，面積図をかくと下のようになります。

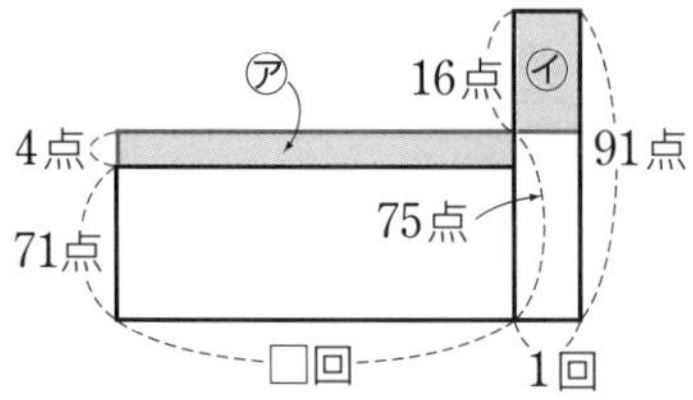

㋑の縦は

91－75＝16（点）

より，㋑の面積（＝㋐の面積）は

16×1＝16（点）

㋐の縦は，75－71＝4（点）より，

㋐の横（□回）は　16÷4＝4（回）

したがって，今回のテストは

4＋1＝**5**（回目）

9 これまでに□回のテストを受けたとして，面積図をかくと下のようになります。

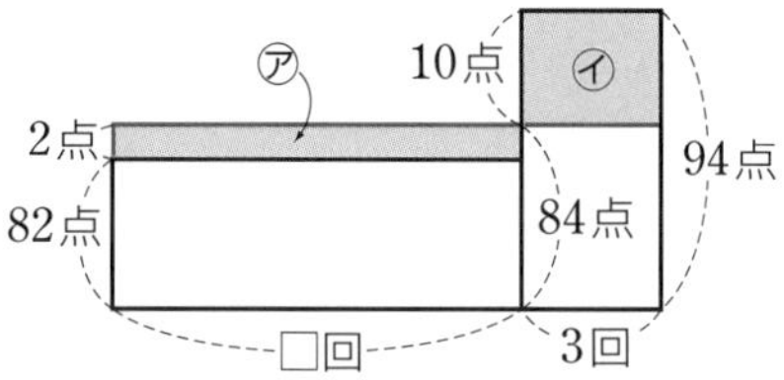

すべてのテストの平均点は

82＋2＝84（点）

より，㋑の縦は

94－84＝10（点）

㋑の面積（＝㋐の面積）は

10×3＝30（点）

㋐の横（□回）は，30÷2＝15（回）

したがって，求める回数は

15＋3＝**18**（回）

10

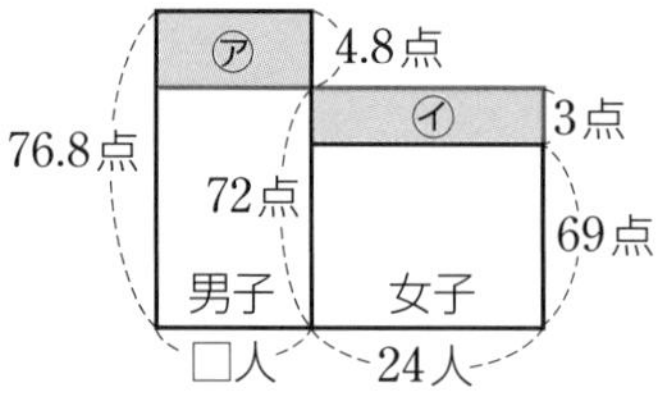

上の図で，㋑の縦は

72－69＝3（点）

より，㋑の面積（＝㋐の面積）は

3×24＝72（点）

㋐の縦は，76.8－72＝4.8（点）より，

㋐の横（□人）は

72÷4.8＝15（人）

したがって，求める人数は

15＋24＝**39**（人）

11 下の図で，㋐と㋑のどちらの長方形の面積もわかりませんから，㋒の長方形をつけたして考えます。

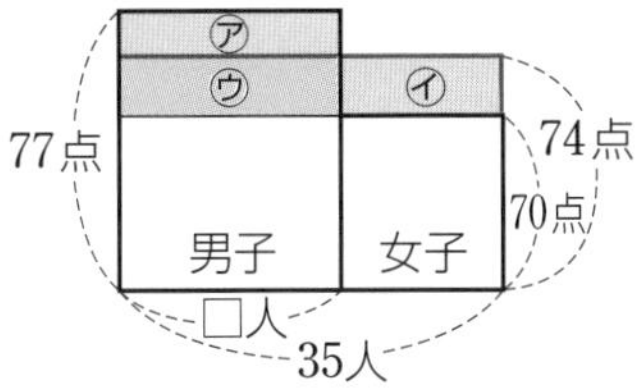

㋑＋㋒の縦は，74－70＝4（点）より，
㋑＋㋒の面積（＝㋐＋㋒の面積）は
　　4×35＝140（点）
㋐＋㋒の縦は，77－70＝7（点）より，
㋐＋㋒の横（□人）は
　　140÷7＝**20**（人）

12 下の図で，㋐と㋑のどちらの長方形の面積もわかりませんから，㋒の長方形をつけたして考えます。

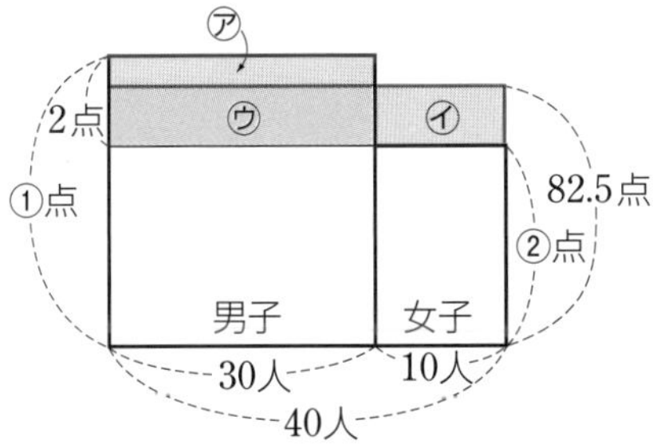

㋐＋㋒の面積（＝㋑＋㋒の面積）は
　　2×30＝60（点）
より，㋑＋㋒の縦は　60÷40＝1.5（点）
したがって
　　②＝82.5－1.5＝**81**（点）
　　①＝81＋2＝**83**（点）

9 日目
差集め算（応用）

練習問題 9-❶ の答え　　問題➡本冊37ページ

1 **70 円**　　2 ㋐… **105**　㋑… **1260**

3 **35.15 m**

解き方

1 安いほうのボールペンＢの値段を□円とし
て，線分図をかく✏と下のようになります。

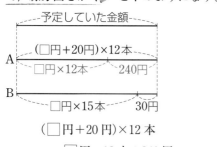

（□円＋20円）×12 本

→　□円×12 本＋240 円

□×15−□×12＝240−30

□×3＝210

□＝210÷3＝**70**（円）

2 安くなっていたりんごの値段を□円として，
線分図をかく✏と下のようになります。

持っていた金額

（□円＋15円）×12個
□円×12個　180円

□円×13個　90円

（□円＋15 円）×12 個

→　□円×12 個＋180 円

□×13−□×12＝180−90

□＝90（円）

したがって　㋐＝90＋15＝**105**（円）

㋑＝105×12＝**1260**（円）

3 二郎さんの歩はばを□cm として，線分図を
かく✏と下のようになります。

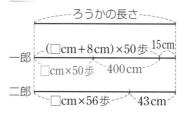

（□cm＋8cm）×50 歩

→　□cm×50 歩＋400cm

□×56−□×50＝400＋15−43

□×6＝372　　□＝372÷6＝62（cm）

よって，ろうかの長さは

62×56＋43＝3515（cm）→**35.15 m**

1 28個　　2 38個

解き方

1 子どもの人数を□人として，線分図をかく
と下のようになります。このとき，白玉の個数
を3倍して赤玉の個数にそろえてかきます。

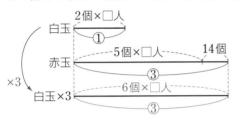

$6×□−5×□＝14$　　$□＝14$（人）

したがって，白玉の個数は　$2×14＝28$（個）

2 子どもの人数を□人として，線分図をかく
と下のようになります。このとき，りんごの個
数を2倍してみかんの個数にそろえてかきます。

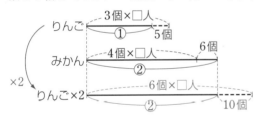

$6×□−4×□＝6＋10$　　$□＝8$（人）

したがって，みかんの個数は

　　$4×8＋6＝38$（個）

練習問題 10 の答え 　問題➡本冊42ページ

1 **3台**　　2 **12個**　　3 **8個**

4 **13**

解き方

1 8人用のテーブルの数を□台として，面積図をかく📝と下のようになります。

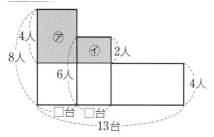

色がついた部分（㋐＋㋑）の面積は

70－4×13＝18（人）

㋐の縦は　8－4＝4（人）

㋑の縦は　6－4＝2（人）

㋐＋㋑＝4×□＋2×□＝6×□

これが18人ですから　□＝18÷6＝**3**（台）

2 10円のおかしの個数を□個として，面積図をかく📝と下のようになります。

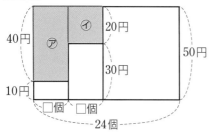

色がついた部分（㋐＋㋑）の面積は

50×24－840＝360（円）

㋐の縦は　50－10＝40（円）

㋑の縦は　50－30＝20（円）

㋐＋㋑＝40×□＋20×□＝60×□

これが360円ですから　□＝360÷60＝6（個）

50円のおかしの個数は　24－6×2＝**12**（個）

3 なしの個数を□個として，面積図をかく📝と下のようになります。

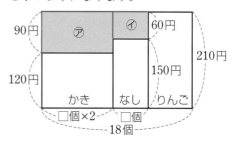

色がついた部分（㋐＋㋑）の面積は

210×18－2820＝960（円）

㋐の縦は　210－120＝90（円）

㋑の縦は　210－150＝60（円）

㋐＋㋑＝90×□×2＋60×□＝240×□

これが960円ですから　□＝960÷240＝4（個）

よって，かきの個数は　4×2＝**8**（個）

4 まず，100円玉と10円玉が□枚ずつあるとして，面積図をかく📝と下の図1のようになります。

図1

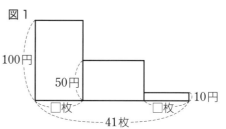

次に，縦が50円，横が41枚の長方形を作ると，下の図2のようになります。

図2

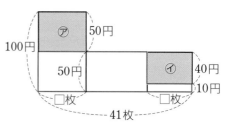

長方形（赤わく部分＋㋑）の面積は

50×41＝2050（円）

よって

色がついた部分の面積の差（㋐−㋑）

＝（赤わく部分＋㋐）−（赤わく部分＋㋑）

＝2180−2050＝130（円）

㋐の縦は　100−50＝50（円）

㋑の縦は　50−10＝40（円）

㋐−㋑＝50×□−40×□＝10×□

これが130円ですから　□＝130÷10＝**13**（枚）

練習問題 11-❶ の答え 問題➡本冊45ページ

1 25 % **2** 13.5 g **3** 250 g

解き方

1 できた食塩水の重さは
$$150+50=200 \ (g)$$
ですから，求める濃度は
$$50÷200=0.25 \quad ◀食塩の重さ÷食塩水の重さ$$
$$=食塩水の濃度$$
$$0.25×100=\textbf{25} \ (\%)$$

2 食塩水の濃度を小数で表すと
$$4.5÷100=0.045$$
ですから，食塩の重さは
$$300×0.045=\textbf{13.5} \ (g) \quad ◀食塩水の重さ$$
$$×食塩水の濃度$$
$$=食塩の重さ$$

3 食塩水の濃度を小数で表すと
$$14÷100=0.14$$
ですから，食塩水の重さは
$$35÷0.14=\textbf{250} \ (g)$$
⬆ 食塩の重さ÷食塩水の濃度＝食塩水の重さ

練習問題 11-❷ の答え 問題➡本冊47ページ

1 300 g

2 9%… 500 g, 2%… 200 g

解き方

1 下の図で，㋐の面積と㋑の面積が等しい
ことから求めます。

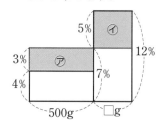

㋐の縦は　7−4＝3 （%）

㋑の縦は　12−7＝5 （%）

したがって　□＝3×500÷5＝**300** （g）

2 下の図で，㋐と㋑のどちらの長方形の面積も
わかりませんから，㋒の長方形をつけたして
考えます。

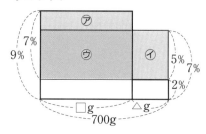

㋑＋㋒の縦は
$$7−2=5 \ (\%)$$

㋐＋㋒の縦は
$$9−2=7 \ (\%)$$

㋑＋㋒の面積と㋐＋㋒の面積は等しいことから
$$□=5×700÷7=\textbf{500} \ (g)$$
$$△=700−□=700−500=\textbf{200} \ (g)$$

1 2640 円	**2** 17 人	**3** 4
4 11 枚	**5** 20 %	**6** 29.7 g
7 150 g	**8** 4 %	**9** 320 g
10 150 g	**11** 25 g	**12** 300

解き方

1 小のりんごの値段を□円として，線分図を
かく🖊と下のようになります。

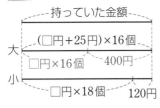

　　　（□円＋25円）×16 個
　　　→　□円×16 個＋400 円
　　　□×18−□×16＝400−120
　　　□×2＝280　　　□＝280÷2＝140（円）

よって，持っていたお金は
　　　140×18＋120＝**2640**（円）

2 子どもの人数を□人として，線分図をかく🖊
と下のようになります。

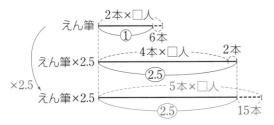

このとき，えん筆の本数がそろうようにもとの
えん筆の本数を 2.5 倍にしてかきます。
　　　5×□−4×□＝2＋15
　　　□＝**17**（人）

3 140 円のペンの本数を□本として，面積図
をかく🖊と下のようになります。

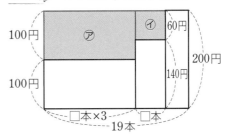

色がついた部分（㋐＋㋑）の面積は
　　　200×19−2360＝1440（円）

㋐の縦は　200−100＝100（円）

㋑の縦は　200−140＝60（円）
　　　㋐＋㋑＝100×□×3＋60×□＝360×□

これが 1440 円ですから
　　　□＝1440÷360＝**4**（本）

4 90 円切手の枚数を□枚として，面積図をか
く🖊と下のようになります。

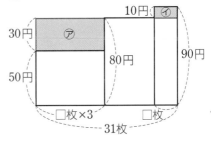

縦が 80 円で，横が 31 枚の長方形の面積は
　　　80×31＝2480（円）

よって，色がついた部分の面積の差（㋐−㋑）
は
　　　2480−2080＝400（円）

㋐の縦は　80−50＝30（円）

㋑の縦は　90−80＝10（円）
　　　㋐−㋑＝30×□×3−10×□＝80×□

これが 400 円ですから　　□＝400÷80＝5（枚）

したがって，80 円切手の枚数は
　　　31−5×3−5＝**11**（枚）

5 100＋25＝125 （g）

25÷125＝0.2

0.2×100＝**20** （**%**）

6 11÷100＝0.11

270×0.11＝**29.7** （**g**）

7 9÷100＝0.09

13.5÷0.09＝**150** （**g**）

8 200×0.05＝10 （g）

100×0.02＝2 （g）

200＋100＝300 （g）

10＋2＝12 （g）

12÷300＝0.04

0.04×100＝**4** （**%**）

9 下の図で，㋐の面積と㋑の面積が等しい

ことから求めます。

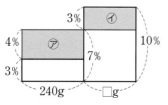

㋐の縦は　7－3＝4 （%）

㋑の縦は　10－7＝3 （%）

したがって　□＝4×240÷3＝**320** （**g**）

10 水を 0％ の食塩水と考えて，面積図をかく

と下のようになり，㋐の面積と㋑の面積が等し

いことから求めます。

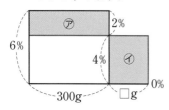

㋐の縦は　6－4＝2 （%）

㋑の縦は　4－0＝4 （%）

したがって　□＝2×300÷4＝**150** （**g**）

11 食塩を 100％ の食塩水と考えて，面積図をか

く　と下の図のようになり，㋐の面積と㋑の

面積が等しいことから求めます。

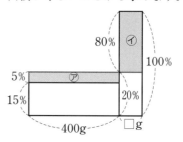

㋐の縦は　20－15＝5 （%）

㋑の縦は　100－20＝80 （%）

したがって　□＝5×400÷80＝**25** （**g**）

12 下の図で，㋐＋㋒の面積と㋑＋㋒の面積が等

しい　ことから求めます。

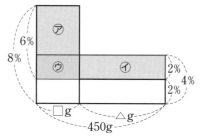

㋑＋㋒の縦は　4－2＝2 （%）

㋐＋㋒の縦は　8－2＝6 （%）

したがって

□＝2×450÷6＝150 （g）

△＝450－150＝**300** （g）

13日目 入試問題にチャレンジ①

問題➡本冊52ページ

①73点　②21cm　③1500
④20　⑤順に　77，13
⑥かん…24本，ペットボトル…16本
⑦2010円　⑧8個　⑨7回
⑩21　⑪1500　⑫14
⑬A…13個，B…13個，C…14個
⑭26　⑮180　⑯100

解き方

① 3回のテストの合計点は

80×3＝240（点）

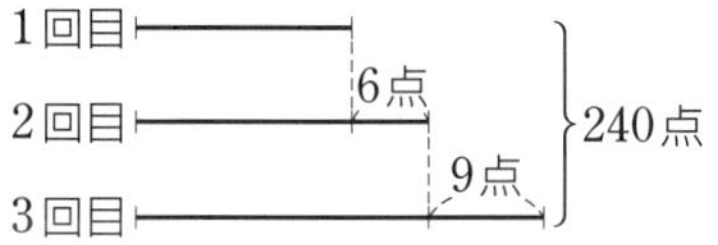

(240−6×2−9)÷3＝**73（点）**…1回目

②
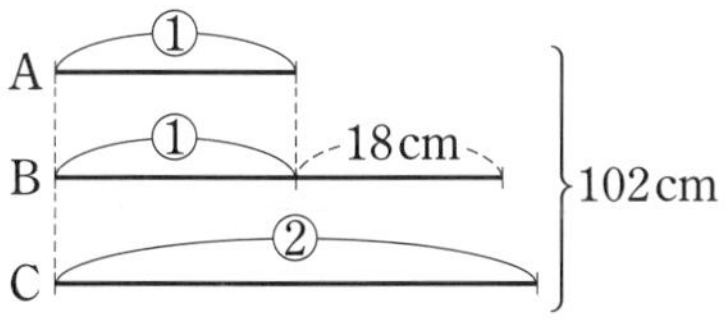

(102−18)÷(1＋1＋2)＝**21（cm）**…A

③
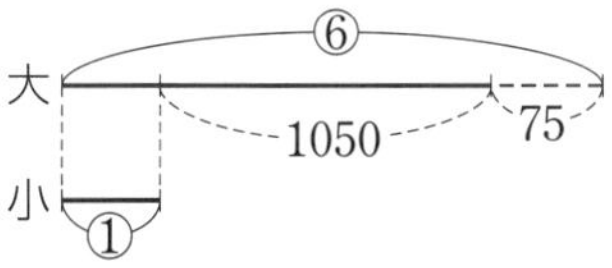

(1050＋75)÷(6−1)＝225　…小

225＋1050＝1275　…大

1275＋225＝**1500**

④ 人数を□人として，線分図をかく✏と下のようになります。

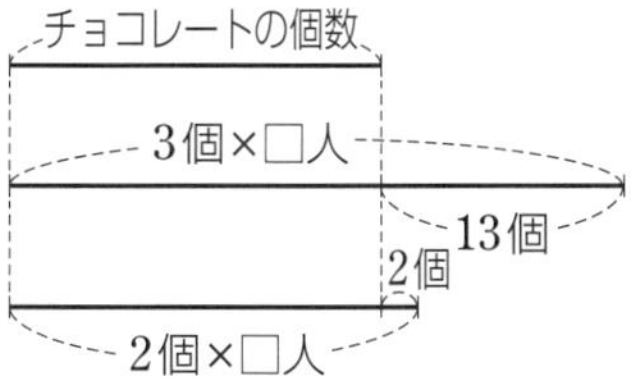

3×□−2×□＝13−2

□＝11（人）

11×3−13＝**20**（個）

…チョコレートの個数

⑤ 長いすの数を□きゃくとして，線分図をかく✏と下のようになります。

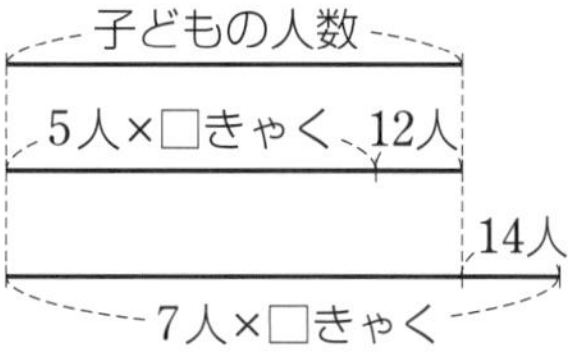

7×□−5×□＝12＋14

2×□＝26

□＝**13**（きゃく）

5×13＋12＝**77**（人）

⑥ 110円のジュースを□本，140円のジュースを△本として，面積図をかく✏と下のようになります。

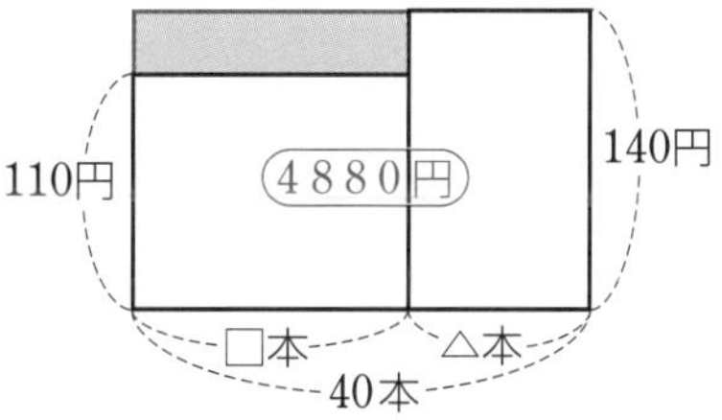

色がついた部分の面積は

140×40−4880＝720（円）

□＝720÷(140−110)＝**24（本）**

△＝40−24＝**16（本）**

⑦ 50円こう貨の枚数を□枚，10円こう貨の枚数を△枚として，重さについての面積図をかく✏と下のようになります。

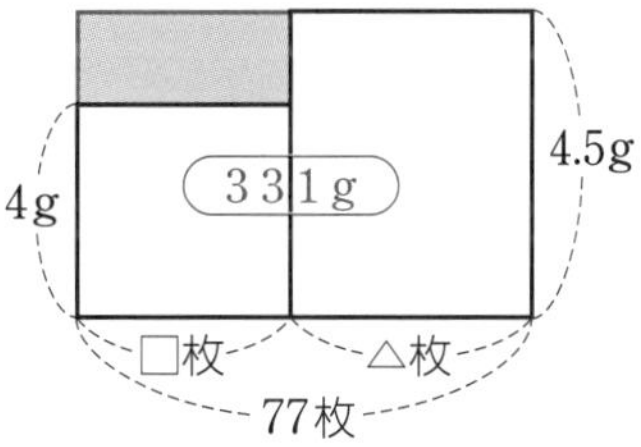

色がついた部分の面積は

4.5×77−331＝15.5（g）

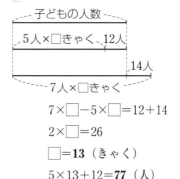

$$\square = 15.5 \div (4.5 - 4) = 31 \text{ (枚)}$$

$$\triangle = 77 - 31 = 46 \text{ (枚)}$$

したがって，求める金額は

$$50 \times 31 + 10 \times 46 = \textbf{2010} \text{ (円)}$$

⑧ 個数を反対に買った場合の合計金額は

$$1680 - 160 = 1520 \text{ (円)}$$

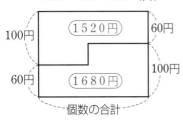

上の面積図より，個数の合計は

$$(1520 + 1680) \div (100 + 60) = 20 \text{ (個)}$$

あとは，つるかめ算🖊で解きます。

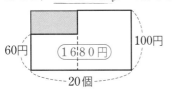

上の図の色がついた部分の面積は

$$100 \times 20 - 1680 = 320 \text{ (円)}$$

よって，求める個数は

$$320 \div (100 - 60) = \textbf{8} \text{ (個)}$$

⑨ 前回までに□回のテストが行われたとして，面積図をかく🖊と下のようになり，㋐と㋑の面積が等しいことから，□を求めます。

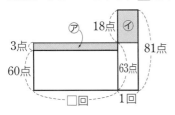

㋐の縦は $63 - 60 = 3$ （点）

㋑の縦は $81 - 63 = 18$ （点）

$$\square = 18 \times 1 \div 3 = 6 \text{ (回)}$$

したがって，求める回数は $6 + 1 = \textbf{7}$ （回）

⑩ 下の図で，㋐＋㋒と㋑＋㋒の面積が等しい🖊ことから求めます。

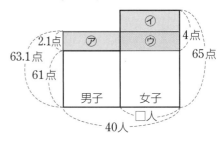

㋐＋㋒の縦は $63.1 - 61 = 2.1$ （点）

㋑＋㋒の縦は $65 - 61 = 4$ （点）

$$\square = 2.1 \times 40 \div 4 = \textbf{21} \text{ (人)}$$

⑪ 安くなっていたなしの値段を□円として，線分図をかく🖊と下のようになります。

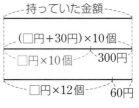

$$(\square 円 + 30 円) \times 10 個$$

$$\rightarrow \quad \square 円 \times 10 個 + 300 円$$

$$\square \times 12 - \square \times 10 = 300 - 60$$

$$\square \times 2 = 240 \qquad \square = 240 \div 2 = 120 \text{ (円)}$$

よって，求める金額は

$$120 \times 12 + 60 = \textbf{1500} \text{ (円)}$$

⑫ 子どもの人数を□人として，線分図をかくと下のようになります。このとき，あめの個数がそろうようにもとのあめの個数を2倍にしてかきます。

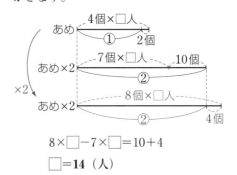

$$8 \times \square - 7 \times \square = 10 + 4$$

$$\square = \textbf{14} \text{ (人)}$$

⑬ Aを□個買ったとして，面積図をかく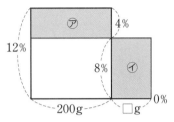と
下のようになります。

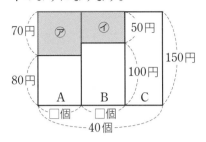

色がついた部分（㋐＋㋑）の面積は

$150 \times 40 - 4440 = 1560$ （円）

㋐の縦は　$150 - 80 = 70$ （円）

㋑の縦は　$150 - 100 = 50$ （円）

　　　㋐＋㋑＝$70 \times □ + 50 \times □ = 120 \times □$

これが 1560 円ですから

　　　□＝$1560 \div 120 = $ **13** （個）…A，B

　　　$40 - 13 \times 2 = $ **14** （個）…C

⑭ 12 個入りの箱の個数を□個として，面積図
をかく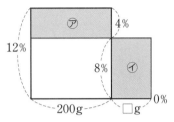と下のようになります。

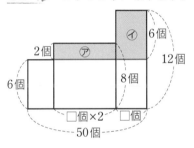

色がついた部分の面積は

$430 - 6 \times 50 = 130$ （個）

㋐の縦は　$8 - 6 = 2$ （個）

㋑の縦は　$12 - 6 = 6$ （個）

　　　㋐＋㋑＝$2 \times □ \times 2 + 6 \times □ = 10 \times □$

これが 130 個ですから　□＝$130 \div 10 = 13$ （個）

よって，8 個入りの箱は　$13 \times 2 = $ **26** （個）

⑮ 下の図で，㋐と㋑の面積が等しい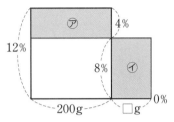ことか
ら求めます。

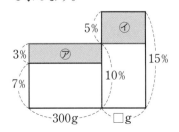

㋐の縦は　$10 - 7 = 3$ （%）

㋑の縦は　$15 - 10 = 5$ （%）

したがって　□＝$3 \times 300 \div 5 = $ **180** （g）

⑯ 水を 0% の食塩水と考えて，面積図をかく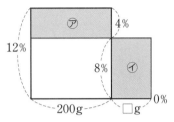
と下のようになり，㋐と㋑の面積が等しいこと
から求めます。

㋐の縦は　$12 - 8 = 4$ （%）

㋑の縦は　$8 - 0 = 8$ （%）

したがって　□＝$4 \times 200 \div 8 = $ **100** （g）

入試問題にチャレンジ ②

問題➡本冊58ページ

① **30°**　② **18**　③ **53 cm**
④ **29 本**　⑤ **7**　⑥ **47 人**
⑦ **14 きゃく**　⑧ **166 人**　⑨ **37 人**
⑩ **41 人**　⑪ **74**
⑫ ア… **280**　イ… **540**　⑬ **14**
⑭ **24 個**　⑮ **20**
⑯ (1) **3.8%**　(2) A… **160 g**　B… **340 g**

解き方

① 三角形の 3 つの角の和は 180°

57°−24°=33°

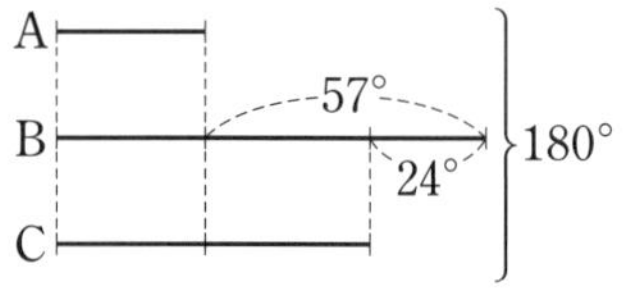

(180°−57°−33°)÷3=**30°**

②

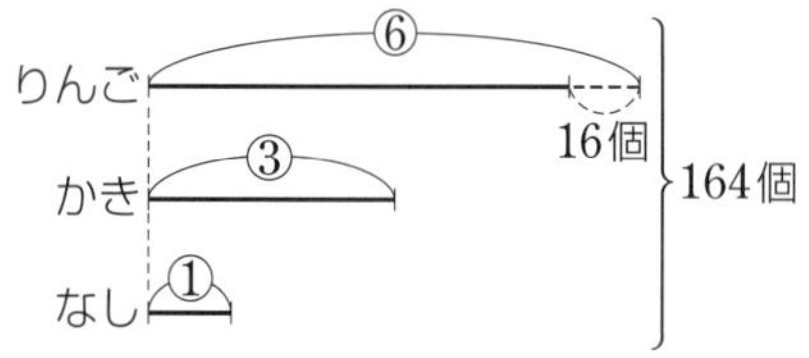

なしの個数を①とすると，かきの個数は③，りんごの個数は　③×2−16 個　→　⑥−16 個

(164+16)÷(6+3+1)=**18**（個）……なし

③ Bの長さを①とすると，A の長さは②，A と B の長さの平均は

(②+①)÷2=(1.5)

となりますから，線分図をかくと下のようになります。

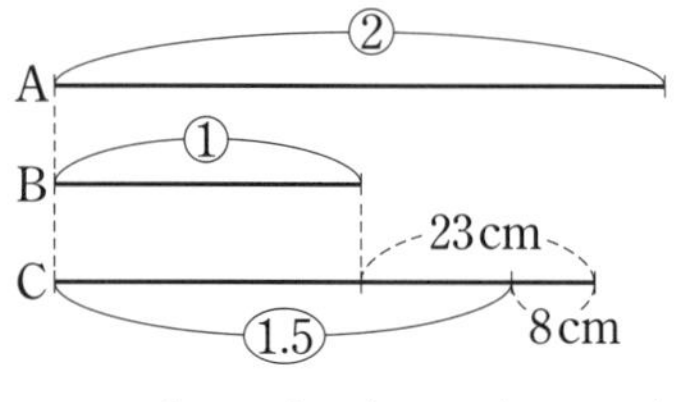

(23−8)÷(1.5−1)=30（cm）…B

30+23=**53（cm）**…C

④ A の本数と C の本数の差は，下の図 1 より

67−53=14（本）

図 1

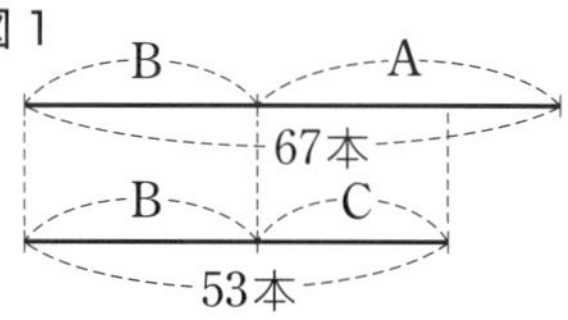

よって，Cの本数を①としてAとCの関係について，線分図をかくと下の図2のようになります。

図 2

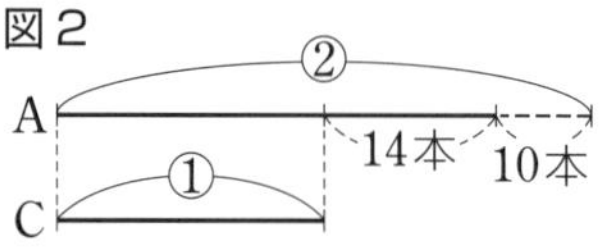

(14+10)÷(2−1)=24（本）…C

53−24=**29（本）**…B

⑤ 子どもの人数を□人として，線分図をかくと下のようになります。

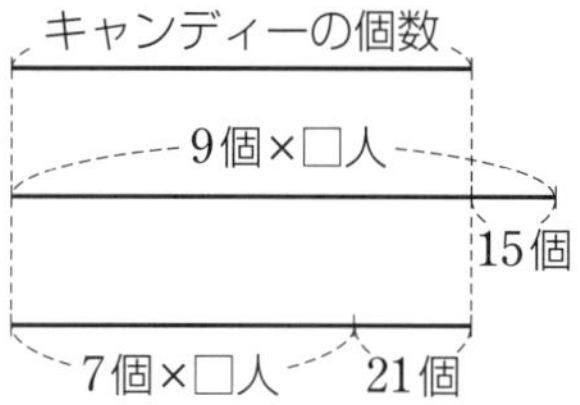

9×□−7×□=21+15

2×□=36　　□=36÷2=18（人）

9×18−15=147（個）…キャンディー

よって，ふくろの数は　147÷21=**7**（ふくろ）

⑥ 長いすを 3 きゃく増やさないで 4 人ずつ座った場合 3+4×(3−1)=11（人）が座れなくなります。はじめの長いすの数を□きゃくとして，線分図をかくと下のようになります。

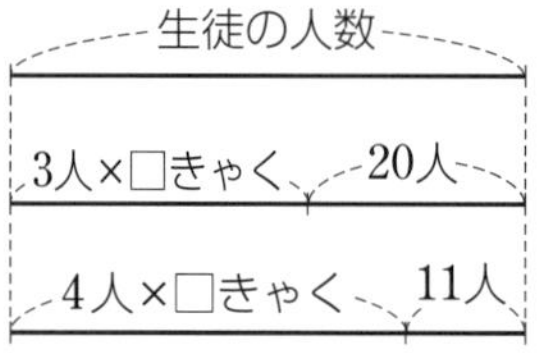

4×□−3×□=20−11　　□=9（きゃく）

よって，生徒数は　3×9+20=**47（人）**

⑦ 5人用の長いすに1人ずつ多く座ると，合計で

$124-115=9$（人）

多く座ることができることから，5人用の長いすの数は9きゃくあることがわかります。

よって，3人用と4人用の長いすが，あわせて

$30-9=21$（きゃく）

あり，座れる人数の合計は

$115-5\times9=70$（人）

になることがわかります。

3人用の長いすの数を□きゃくとして面積図をかくと下のようになります。

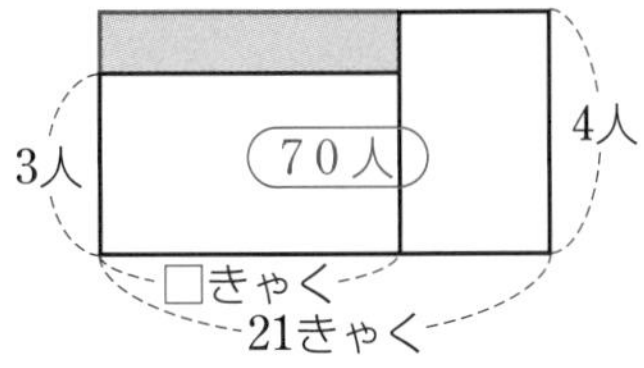

色がついた部分の面積は　$4\times21-70=14$（人）

よって　$□=14\div(4-3)=\mathbf{14}$（きゃく）

⑧ 予定通りの座り方で座れる人数の面積図㋐と，逆にした座り方で座れる人数の面積図㋑を上下にくっつけると，下のような長方形になります。

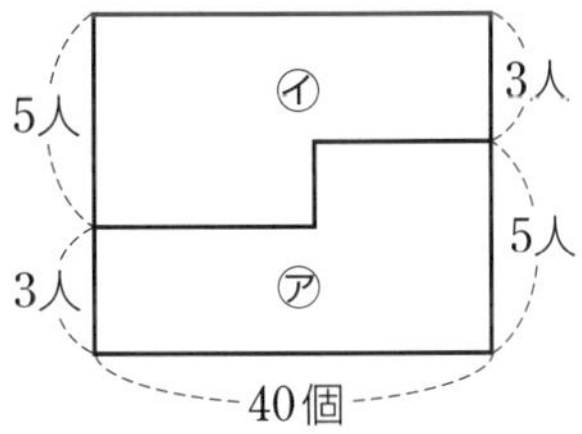

$㋐+㋑=(5+3)\times40=320$（人）

問題文より

$㋑-㋐=30+18=48$（人）

和差算で

$㋐=(320-48)\div2=136$（人）

よって，求める人数は　$136+30=\mathbf{166}$（人）

⑨

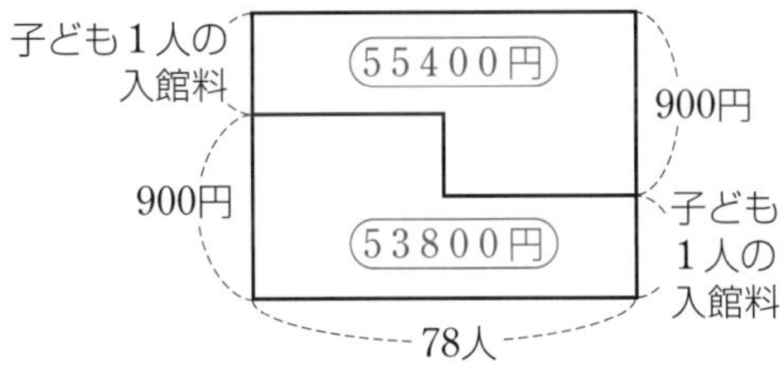

上の面積図で，長方形の縦は

$(55400+53800)\div78=1400$（円）

より，子ども1人の入館料は

$1400-900=500$（円）

あとは，つるかめ算で解きます。

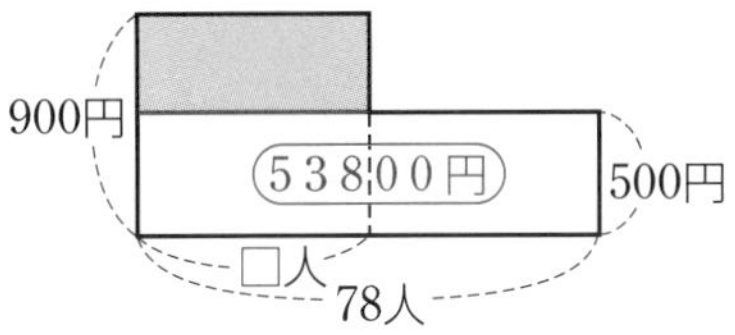

上の図の色がついた部分の面積は

$53800-500\times78=14800$（円）

$□=14800\div(900-500)$

$=\mathbf{37}$（人）

⑩ 下の図で，㋐と㋑の面積が等しいことから求めます。

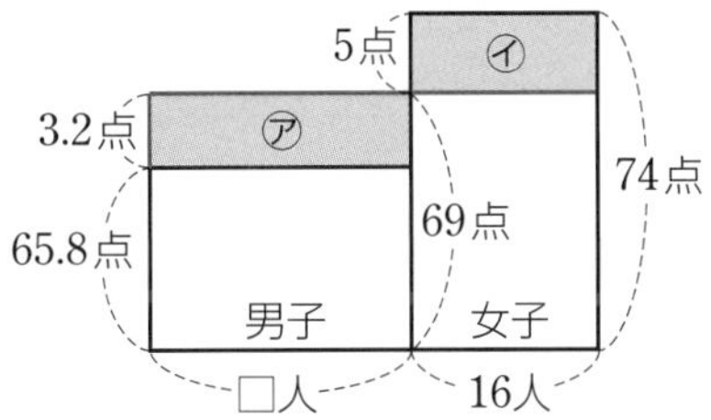

㋐の縦は　$69-65.8=3.2$（点）

㋑の縦は　$74-69=5$（点）

よって　$□=5\times16\div3.2=25$（人）

このクラスの人数は　$25+16=\mathbf{41}$（人）

⑪ 下の図で，㋐＋㋒と㋑＋㋒の面積が等しいことから求めます。

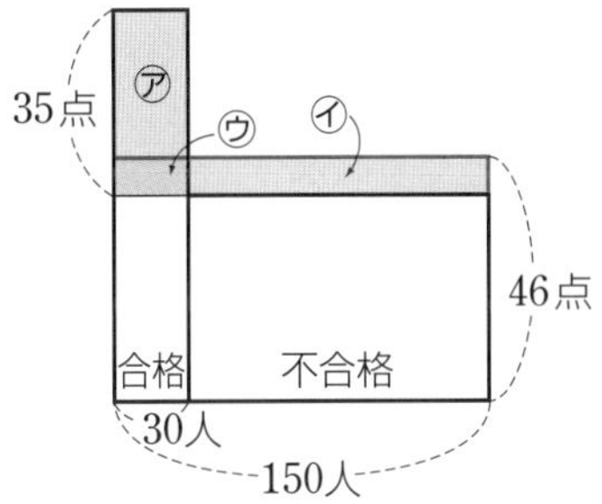

㋑＋㋒の縦は　$35\times30\div150=7$（点）

より，不合格者の平均点は　$46-7=39$（点）

合格者の平均点は　$39+35=\mathbf{74}$（点）

⑫ チョコレートの値段を□円として，線分図をかく✎と下のようになります。

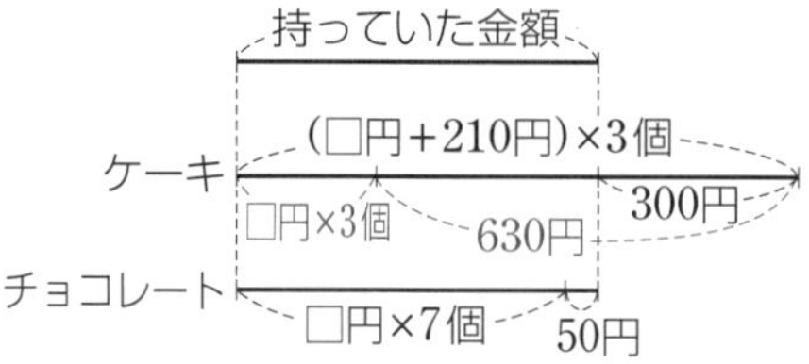
持っていた金額
ケーキ
(□円+210円)×3個
□円×3個
630円
300円
チョコレート
□円×7個
50円

(□円＋210円)×3個

→ □円×3個＋630円

□×7－□×3＝630－300－50

□×4＝280　　□＝280÷4＝70（円）

よって，ケーキの値段は

70＋210＝**280**（円）…ア

めぐみさんが持っていたお金は

280×3－300＝**540**（円）…イ

⑬ パックの数を□として，線分図をかく✎と下のようになります。このとき，ウィンナーとおにぎりの数がそろうようにおにぎりの数を4倍にしてかきます。

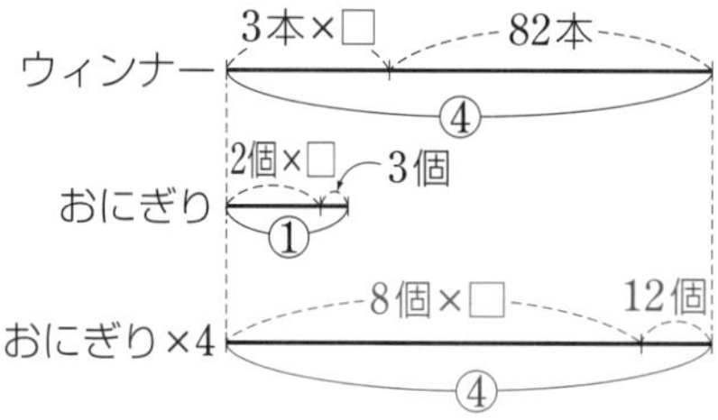
3本×□
82本
ウィンナー
④
2個×□
3個
おにぎり
①
8個×□
12個
おにぎり×4
④

8×□－3×□＝82－12

5×□＝70　　□＝**14**

⑭ 80円のおかしの個数を□個として，面積図をかく✎と下のようになります。

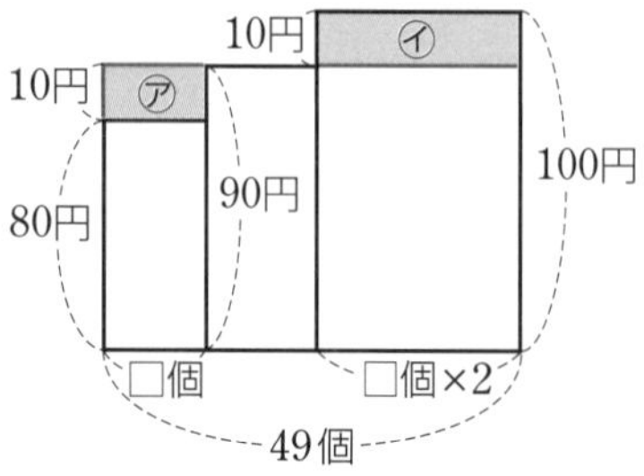
10円
10円
㋐
㋑
80円
90円
100円
□個
□個×2
49個

縦が90円で，横が49個の長方形の面積は

90×49＝4410（円）

よって，色がついた部分の面積の差（㋑－㋐）は

4530－4410＝120（円）

㋐の縦は　90－80＝10（円）

㋑の縦は　100－90＝10（円）

㋑－㋐＝10×□×2－10×□＝10×□

これが120円ですから　□＝120÷10＝12（個）

したがって，100円のおかしの個数は

12×2＝**24**（個）

⑮ 食塩を100％の食塩水と考えて，面積図をかく✎と下のようになり，㋐と㋑の面積が等しいことから求めます。

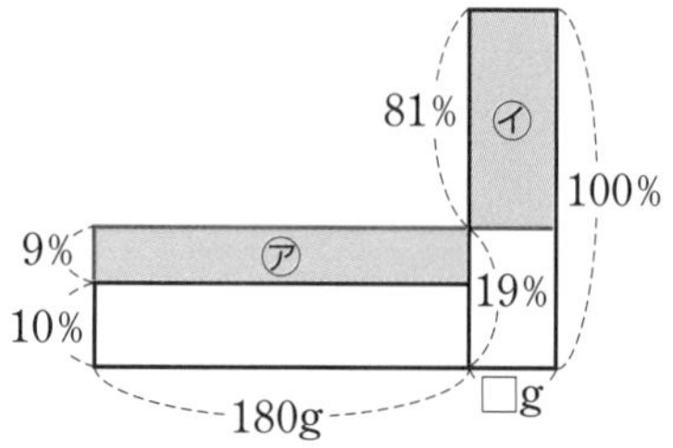
81％
㋑
100％
9％
㋐
19％
10％
180g
□g

㋐の縦は　19－10＝9（％）

㋑の縦は　100－19＝81（％）

したがって　□＝9×180÷81＝**20**（g）

⑯ (1)　食塩水の量は　200＋300＝500（g）

食塩の量は

200×0.02＋300×0.05＝19（g）

よって，求める濃度は

19÷500×100＝**3.8**（％）

(2)　下の図で，㋐＋㋒と㋑＋㋒の面積が等しい✎ことから求めます。

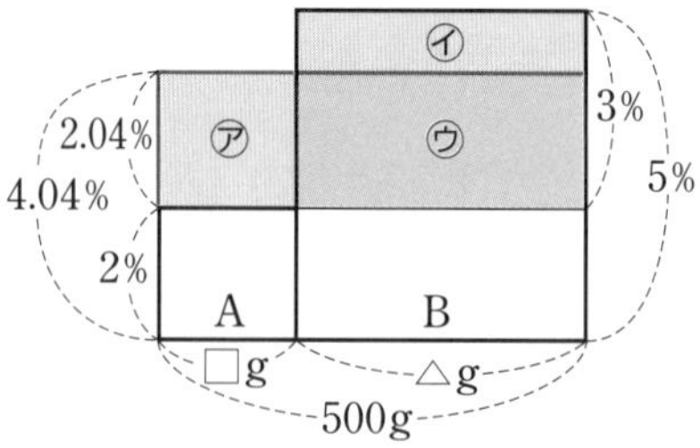
㋑
2.04％
㋐
㋒
3％
4.04％
5％
2％
A
B
□g
△g
500g

㋐＋㋒の縦は　4.04－2＝2.04（％）

㋑＋㋒の縦は　5－2＝3（％）

△＝2.04×500÷3＝**340**（g）…B

□＝500－340＝**160**（g）…A

③

(MEMO)

(MEMO)